海をひらく

増補版

知られざる掃海部隊

桜林美佐
Sakurabayashi Misa

並木書房

[増補]
再びペルシャ湾へ

安保法案で争点となった「機雷掃海」

安全保障法制をめぐる国会論議が本格化するなか、日に何度も「機雷掃海」という言葉を耳にするようになった。『海をひらく』を上梓した頃はまだ「ソウカイ」と言ってもにわかには分かってもらえなかったが、短期間で各段にメジャーになったようだ。

しかし、日本国民が機雷掃海の意味するところを真に理解したのかと言えば、まったく違うようである。「日本人は自国の防衛について考えることさえも忌避してきたのだから安保法制の議論が展開されるようになっただけでも大きな進歩だ」「富士山もいきなり頂上には到達しないのだからまずは一歩から」という見方もあるようだが、本当にこの国会審議が国防オンチ日本人のアレルギー体質を改善できるのか疑わしい。富士山に登る前に麓で道を間違えて迷子になるようなことは避けたいところだ。

国会答弁はその議事録が後々に残り、政府側の発言はそのまま日本のルールになってしまうため慎重にならざるを得ない。それをよくよく分かっている野党はとにかく攻める。与党はその攻撃をいかにかわすかに必死になる。そのような応酬を聞いていても、国防の現状について正確な情報は得られず、また現役自衛官にとっては聞くに堪えないことも多いのではないかと考えると、これは何のためのやりとりなのかと思ってしまう。

いずれによせ、とにかく議論は始まった。掃海部隊の任務について言えばいろいろな議論の的になってはいるが、彼らが「海をひらく」プロ集団であることは今も昔も変わりはない。ただ掃海部隊が何らかの新しい時代を迎えることは間違いなく、私たち国民としてはその新しい状況が任務をスムーズに遂行できるものなのか否か、かえって判断を難しくしてしまわないかといった自衛隊の運用を阻害する要因を取り除くことに注意を払わなければならないはずだ。

安保論議で抜け落ちている自衛隊

心優しい日本人には大変申し訳ないが、「自衛隊の安全が確保できないのではないか」とか「戦争に巻き込まれるのではないか」といった心配は僭越《せんえつ》なのではないかと私は思う。自衛隊ではそもそも次のような服務の宣誓を行なっているのである。

「私は、我が国の平和と独立を守る自衛隊の使命を自覚し、日本国憲法及び法令を遵守し、一致団結、厳正な規律を保持し、常に徳操を養い、人格を尊重し、心身を鍛え、技能を磨き、政治的活動に関与せず、強い責任感をもつて専心職務の遂行に当たり、事に臨んでは危険を顧みず、身をもつて責務の完遂に務め、もつて国民の負託にこたえることを誓います」

陸海空の自衛官はこの宣誓の下、これまでも危険を顧みずに活動してきている。また訓練であってもハイリスクな状況を想定し、それ以上に厳しい状況下で実施しているのが自衛隊なのである。

もちろん、二四万人ほどの自衛官の真の心の内などは分かるはずもない。よく「自衛官の気持ちが知りたい」と聞かれることがあるが、それは「誰にも分からない」としか言いようがない。二四万通りの思いや考え方があり、すべての人が海外に派遣されたいと思っているわけではないだろうし、集団的自衛権行使には問題があると考えている人もいるかもしれない。

しかし、彼らは行けと命じられれば行くし、戻れと言われれば戻って来るのであり、そこに個人的な感情を挟む余地などない。それが自衛隊なのである。「どう思うのか」を問うこと自体が本質を見誤っている。自衛隊は、与えられた条件下で最大限の能力を発揮する組織なのである。心配があるとすれば、政治的な理由による嘘やごまかしの中で自分たちも家族も、また国民も戸惑いながら活動させられることではないかと私は思う。

その観点からすると、国会で論戦の場にある先生たちには大変申し訳ないが、一連のやりとりや新聞・ニュースを見ることは自衛官たちの心の健康に悪い影響を及ぼすような気がしてならない。問題はむしろ、十分な訓練環境が確保できていなかったり、人員や装備も不足していることだろう。相応の環境を整えてはじめて法整備ができるというものだ。

安保法制が通ればすぐに自衛隊の活動が変化するわけではなく、それに見合う予算要求も必要となり、装備開発にしても、運用が国内限定なのか海外で使用される可能性があるのかによって変わってくるし、当然、それに合わせて運用試験も訓練の計画も新たにしなければならない。それらの取り組みに着手してはじめて全国の隊員さんたちにこの議論の意味が伝わることになる。

これからの自衛隊に必要なのは国際法

また、自衛隊では新しい法体系ができればそれを懸命に勉強するのであろうが、それは真にあるべき姿と言えるだろうか？

海外で活動しようがしまいが、各国軍との人的交流が外交・安全保障上大きな役割を果たしている面があり、諸外国は日本の法律を見ているわけでなく軍人どうしの信頼関係により情報を共有しているのである。

それなのに自衛官はしばしばその関係を失墜させるような行動、友情にヒビを入れるような振る舞いを強いられることがあり、それによる苦悩や損失のほうが「戦争に巻き込まれる」といった心配よりもはるかに大きいのではないだろうか。

また、国外へと活動の範囲を広げるのだとすれば、多くの隊員が持つべき知識は日本独自の法規制ではなく国際法となるはずだが、自衛隊ではこれから新しい国内法を身につけることに必死になることだろう。

そもそも機雷の掃海が武力の行使かどうかや、停戦後かその前かといったことはそんなに大事な要素なのだろうか?

本書に記したように機雷は「そこにあるかもしれない」だけでタンカーは通れなくなり、停戦も終戦も知らず、そこに居続けるのである。また、戦争状態に入っていなくても機雷敷設は考えられ、始まっていない戦争に停戦はない。

つまり、機雷の掃海作業はどのような状況下でも触雷の危険が付いて回るのである。戦後長きにわたり秘匿された掃海殉職者や、十分な準備もできないまま木造掃海艇で遠路ペルシャ湾に赴いた人々の事例からも分かるように、国会や世論をやり過ごすために犠牲になるのは常に現場なのだ。そろそろ任務の「安全性」ではなく「必要性」こそが語られるべきではないだろうか。

掃海部隊再びペルシャ湾へ

では、ここで『海をひらく』(初版二〇〇八年九月)刊行後から現在までの海上自衛隊掃海部隊に関係する出来事についてざっと振り返ってみたい。

「ホルムズ海峡の封鎖はカップに水を注ぐより簡単だ」

二〇一〇年、イラン革命防衛隊の指揮官はそう言って米国に挑戦状を叩きつけた。同国の核開発問題を発端とする米国の経済制裁に抗するものであるが、わが国にとっては非常にインパクトの強いものであった。日本は原油の九九・六パーセントを輸入に頼り、そのうちの八六・六パーセントが中東から運ばれてくる現状は相変わらずであるし、まして原発事故の影響も考えればますます依存度は大きくなる。

米英は、一九九〇年の湾岸戦争以降、ペルシャ湾内のバーレーンに掃海艦艇を常駐させ定期的に大規模な演習を実施していたが、二〇一一年に、日本に参加を呼びかけ、多国間掃海訓練を行なうことを決める。この訓練に海上自衛隊・掃海部隊（掃海母艦「うらが」、掃海艦「つしま」）も参加し、「湾岸の夜明け作戦」以来の掃海艇のペルシャ湾派遣となった。

さらに二〇一二年には米国がより大規模に世界各国に参加を呼びかけ、米第5艦隊主催の国際掃海訓練「IMCMEX12」がアラビア半島周辺海域で行なわれた。海自から第51掃海隊司令の河上康博1佐を指揮官（同1佐は前年の多国間掃海訓練に引き続き指揮官として参加）に、掃海母艦「うらが」、掃海艦「はちじょう」と隊員約一八〇人が再び中東の海に赴いた。

ちなみにこの訓練には日米の掃海部隊のほか、英、仏、イタリア、オランダ、カナダ、オーストラリア、ニュージーランド、ヨルダン、イエメン、エストニアなど三〇カ国以上が参加している。

この二〇一二年の国際掃海訓練は大きな意味があったと考えられる。一つは、すでに一九九一年のペルシャ湾派遣から二〇年余が経過し、海上自衛隊内の経験者が少なくなってきているなかで、往復で二カ月間という長い航海、異なる気象条件下で臨むことによるさまざまな問題は、実際に「体験してみなければ分からない」ことが多いからだ。

二つ目は、海上封鎖が示唆される周辺海域に事前に進出する経験を積むことは、いざ実任務の必要が生じた時にすぐに対処することが可能となる。「いざ」という事態は、まさにいま国会で論議されているように、さまざまな制約があるものの、その可能性を示すだけでもインパクトある行動だと言えるだろう。

米英共催の掃海訓練に参加した海自掃海部隊は、彼らを驚嘆させるほどの圧倒的な好成績を残し、米海軍指揮官から絶大なる信頼を得たという。もしもの時は、海自掃海部隊に頼みたいといった期待感が高まったようで、訓練中は米軍による後方面での全面的支援やさまざまなサポートがあったという。

当時の米海軍第5艦隊司令官であったフォックス中将から送られたコメントは次の通りである。

「普段から共に訓練し、また人的交流を維持しておくことが重要である。いざという時に初めて名刺交換を実施しているようでは遅い」

日頃の共同および訓練を共に行なうことの大切さを感じさせる内容である。

さらに「ＩＭＣＭＥＸ12」と、その前年の米英共催多国間掃海訓練を通じて、海自掃海部隊は、進出および帰投時に、計一四のシーレーン周辺国に寄港し、親善訓練などを行なっている。その中には、海上自衛隊として初入港となるインドのアンダマンニコバル諸島のポートブレア港やベトナムのダナン港も含まれていた。また内戦によって中断していたスリランカのコロンボ港にも寄港した。これらはいずれも日本にとっての重要なシーレーンに位置する港であることから、その意味は大きい。

インターオペラビリティーの重要性

この国際掃海訓練では写真撮影訓練（ＰＨＯＴＥＸ）も行なわれ、日本が担当国として各国の調整にあたった。

当日は、予定された時刻、場所に各国の艦艇、航空機が集まり始めたものの、停泊中は感度良好であった通信系が突然うまくつながらなくなってしまった。そこで緊急措置として国際ＶＨＦ（船舶無線）の使用を決め、国際ＶＨＦの応答がない艦艇に対しては、手旗信号や発光信号を実施することで、問題なく撮影訓練を進めることができた。

この臨機応変な対応は、各国海軍に共通するシーマンシップゆえに成功したものであり、真のインターオペラビリティー（相互運用性）の向上につながるものとなった。

2012年にアラビア半島周辺海域で行なわれた国際掃海訓練に参加した掃海母艦「うらが」（後方の2隻は米艦）。右は訓練を終えた日米英海軍関係者。

掃海訓練当初のPHOTEXでの成功が、その後のスムーズな対機雷戦のオペレーションにつながったと関係者は評価している。日本部隊指揮官に対し、第5艦隊司令官から「BZ」（ブラボー・ズルー：最優秀）が発出されたという。

この後も海自掃海部隊はペルシャ湾などでの多国間訓練に参加を続けている。二〇一一年に「湾岸の夜明け」作戦以来の派遣を実施した際は、「あまり大々的に報道して欲しくない」という声があがったとも言われ、戸惑いもあったと聞いているが、継続していくうちにそうした心配もなくなったようである。

掃海部隊は機雷の掃海作業が「武力の行使」にあたるという論理から、その活動を公表することを控える歴史を歩んできた。わが国での解釈は、停戦後の遺棄機雷であれば掃海でき、憲法第九条が禁じる「武力の行使」に当たらないとしてきたが、こうした議論は国会におけるケンカの材料のように思えてならない。

また、機雷掃海中に国連安保理決議が出て集団安全保障措置に移行した場合はどうなるのかという問題もある。海自は活動をやめるのかということになるが、政府の「安全保障の法的基盤の再構築に関する懇談会」の報告書では、自衛隊が国連の集団安全保障措置に参加することに憲法上の制約はないと指摘している。

本編で詳しく紹介している戦後の航路啓開、その後の朝鮮掃海で七八名の殉職者を出しながらそれを秘匿し続けなければならなかった理由の一つは、この活動が憲法違反である可能性を危惧したものあった。

しかし一方で、朝鮮特別掃海隊派遣によりサンフランシスコ講和条約を好条件で締結できたなど、日本人は隠された功績の恩恵を受けてきた。

憲法は日本を守っていると堂々と表舞台を歩くが、掃海部隊の活動はいつも隠される。憲法と掃海を天秤にかけるつもりもないし、掃海部隊の人々もそれを望むわけではないだろうが、現在の白熱する安保法制論議を契機に多くの国民に「日本を守り、助けてきたのは憲法だけではない」ということ、そして、日本の繁栄の陰で歴史に埋もれた血と汗と涙の存在があることを知って欲しいと思う。

目次

はじめに

「コラッ、頑張らんか！　根性出さんか！」

まだ残暑が厳しかった九月、私は広島県の江田島にある海上自衛隊第一術科学校のプールサイドにいた。目の前で繰り広げられているのは、二十五メートル素潜りの訓練。苦しさで水面に顔を出してしまえば、教官たちから怒号《どごう》が飛ぶ。

そこで息をしていることさえ申し訳ない気持ちで、私はその光景を見ていた。

「彼らに何か話を聞きますか？」

と、言われたものの、やっとのことでプールから這い上がり、息も絶え絶えの姿にはとても話しかけることなどできず、せっかくのインタビューの機会をみすみす断ってしまった。

自ら海中深く潜り、敷設《ふせつ》された機雷や爆発危険物を除去する水中処分（ＥＯＤ）員を目指す彼らの、この日は訓練初日であった。すでに潜水課程を修了した、プロダイバーの心得のある者ばかりである。が、ＥＯＤ員になるためには、さらに厳しい壁を乗り越えなければならない。

なぜ、その仕事を志すのですか？　それを問いかけるには、私はまだまだ未熟な人間のように思えて、口に出せなかった。

江田島に行ってみようと思いたったのは、この約一カ月前であった。テレビ番組の取材で、海上自衛隊掃海隊群の作戦幕僚と知り合い、海中に無数に漂う機雷を取り除く「掃海」の仕事が、戦後間もない頃から、海上保安庁、海上自衛隊へと受け継がれ、絶え間なく続けられていることを知ったことがきっかけだった。

実は、わが国の「戦後復興」と「掃海」は切り離して考えることはできないのである。「あの戦争の被害は……」と語られる時は空襲と原爆が俎上《そじょう》に上るが、実は、これ以外に日本本土に多大な損失をもたらしたものが「機雷」であった。大都市の空襲が一段落した昭和二十年三月二十七日から米軍は、関門海峡・広島湾を皮切りに、終戦までの五カ月に一万千二百七十七個の機雷を敷設し、海上輸送路を遮断した。「対日飢餓作戦」と呼ばれたこの作戦を、今、日本で知る人は少ない。

しかし、終戦時の国内における切羽詰った状況は、「機雷」の影響を抜きには語ることはできないのだ。

元海軍技術士官・福井静夫の『終戦と帝国艦艇』では次のように記している。

「当時、食糧事情がなぜあんなに著しく悪かったのか。船が動かなかったからである。鉄道に乗るのに、なぜあんなに苦しまねばならなかったか。海上輸送の杜絶は、一切の物資の輸送を鉄道に依存せしめたからである。各都市の爆撃をなぜほとんど阻止しえなかったか。輸送の麻痺は航空燃料・飛行機の生産と整備に甚大な影響を与えた上、防空施設を港湾防備用に転用せざるを得なかったからである。沖縄戦になぜもっと増援できなかったか。これも飛行機・船の問題だった」と。

日本のエネルギーは、海から船によってもたらされる。港に入ってくるのは、「石油」や「原料」、そして「待ち人」に至るまで、あらゆる元気の源なのである。翻ると、日本は海の道を閉ざされた場合、息の根が止まるということでもある。文字通り「日本の海上輸送路」は、そのまま「日本の生命線」なのだ。この作戦により、終戦時の日本は、まさに窒息寸前の状態になっていた。つまり、当時、内地にいた人は皆、機雷戦の犠牲者と言えるのである。

とにかく、この無数の機雷を取り除くことが、復興への第一歩であった。しかし、B29爆撃機などから無尽蔵にばら撒かれた機雷の掃除は容易なことではない。一つ一つ見つけては、慎重に処理をする、という気の長い作業を延々と繰り返すのだ。当然のことながら、触雷すれば自分が木っ端微塵になる掃海作業は、危険を伴う。そして、この作業は、米国により口外を禁じられた。もし命を落としても「戦死」として扱われるわけでもなく、名誉が与えられるわけでもなく、その事実は伏せられ、密かに葬られるだけなのだ。

一体、誰がこんな作業をしてくれたのか。それが冒頭、江田島の第一術科学校で見た学生の先人、「掃海部隊」の面々なのである。

今、街は完全に再生された。しかし、この大都市誕生のかげで、危険を顧みず作業にあたった掃海部隊の存在を認識している人は、どれほどいるだろうか。「対日飢餓作戦」があと一年続けば、当時の国民の一割、七百万人が餓死すると言われていたのだ。私たちは、飽食《ほうしょく》の時代は自然にやってきたと思ってはいなかったか。

また、掃海部隊は朝鮮戦争にも赴いたが、その時の活躍が、サンフランシスコ講和条約締結、つまり日本の独立に大きく貢献したのである。もし、彼らが行かなかったら、日本の戦後史は変わっていたであろう。

そして、湾岸戦争の際、百三十億ドルもの資金援助をしながらまったく感謝されなかった中、平成三年にペルシャ湾に派遣された掃海部隊が現場で汗を流すことで、その汚名を返上した。もし、彼らが行かなかったら、日本は臆病者で奢《おご》った国家というレッテルを貼られ、国際社会の笑い者に甘んじていたであろう。あるいは、石油の九割を中東に依存しているわが国のシーレーンを自ら守らず、何の協力もせず、他国任せにする無責任国家としてその名を知らしめたであろう。そんな折、もし、他国の兵士が日本のタンカーを守るために犠牲になったら、その遺族や子孫は日本という国にどんな感情を抱いたであろうか。彼ら掃海部隊はそんな国家の危機を救ってくれたと言っていい。

「掃海部隊」の任務は目立たず、花形とは言えない汚れ仕事である。が、秘匿されていたから、「知らなかった」ですんだ時代は過ぎた。

「なぜその仕事を志すのか」

生半可な気持ちでは務まらない仕事だ。今さら、愚問のような気がして、私は改めて問いかけようとは思わない。ただ、国家が窒息しないように、息を殺して毎日、毎日、休みのない訓練を続ける彼ら掃海部隊の存在を、国民の多くが「知らない」ことは申し訳がなく、多くの日本人に知ってもらいたいと強く思う。これから、わが国の誇るべき「掃海部隊」の軌跡を皆さんと一緒に辿っていきたい。

（引用部分は原文のまま、また本文中の敬称は略させて頂きました）

1　対日飢餓作戦

米海軍の戦史には次のような記述がある。

「機雷敷設により日本周辺の海上交通は完全に麻痺し、原材料や食糧の輸入は途絶して、日本を敗戦に追い込んだが、もし終戦にならず、あと一年この作戦が続いたら、機雷のために日本本土の人口七千万の一割にあたる七百万人が餓死したに違いない。しかもこの機雷敷設に従事した航空機数は、日本攻撃に使った全出動機数のわずか六パーセントに過ぎなかった」と。

つまり、機雷は実に安上がりな武器であった。特に日本のような四面海に囲まれた国を窮地に追い込むには、うってつけだ。なにしろ、大東亜戦争で日本を攻撃するために使った航空機のたった六パーセントの力をして、国民の日常生活から重工業まで全てを麻痺させてしまったのである。

さらに、機雷は「そこに撒いた」と言うだけでも、一切の船舶の通行を停止せしめるのだから、極端な話、それが仮に嘘、ニセ情報でも効果絶大なのである。米国は、この著しく戦意を喪失させ、極めて効率の良い日本への攻撃を「対日飢餓作戦」と呼んだ。

そもそも、米海軍の基礎となっているのは、米国の戦略家マハン提督による「シーパワー論」であった。「海外貿易」、「海運」、「植民地」の三つの鍵があり、それを保護する手段が「海軍」であるという考え方である。本国と艦隊、そして海外根拠地とを結ぶ、海上交通線の確保の必要性を説いたものだ。つまり、有事にこの海上交通線が確保できない場合、海洋国家の基礎「シーパワー」はもろくも崩壊するという説でもある。

米国のみならず、日本海軍も同様にマハンの思想に影響を受けている。しかし、日本の場合は、同じマハンが唱えていた「海軍戦略」すなわち「艦隊決戦」をより重視したことに加え、各地に植民地は確保したものの、日本本土とこれら植民地を結ぶ海上交通線の確保についての配慮が足りなかった。にもかかわらず海外根拠地を結ぶ「線」をいたずらに延ばし、いつの間にか能力の限界を超えてしまったのだ。この延びきった海上交通線を、米国は船舶攻撃をもって徹底的に破壊したのである。

一方、一九四二年にはすでに、日本に対しての機雷敷設による海上封鎖計画の議論も本格的に始まっていた。そして一九四五年三月二十七日、米太平洋艦隊司令長官ニミッツ提督は、海軍が準備した機雷を前に、テニアンから、遥か日本を睨んでいたのだ。

この機雷を日本周辺の重要航路、港湾に敷設してこれを封鎖すれば勝負はつくのだ。しかし、海軍の航空機では遠距離敷設が困難なため、ニミッツ提督は陸軍第二十一爆撃集団指揮官ルメイ将軍に協力を求めることにした。マリアナにあった陸軍のB29を使ったのだ。B29ならば、八百キロの機雷十二個を搭載してテニアンから往復ができたのである。

かくして「対日飢餓作戦」は始まった

航路啓開《けいかい》史編纂会編の『日本の掃海』によると、まず第一段階は三月二十七日から五月二日まであった。下関海峡、呉および佐世保軍港と広島湾を目標に、次々に機雷を投下した。この頃まさに沖縄戦の最中であり、日本海軍の軍事行動を制約することが主な目的であった。そして、日本の主力艦は大部分が身動きのとれない状態に陥った。その中から、果敢に出撃した戦艦「大和」を中心とする作戦部隊も、瀬戸内海から豊後水道を抜けた後、九州南西海域で、米艦載機の攻撃を受け、不帰の艦となっている。

飢餓作戦の第二段階は、五月三日から十二日にわたり行なわれた。これは、本州南部沿岸の航路を閉鎖することを目的としたもので、下関海峡には引き続き、東京、名古屋、大阪および瀬戸内海の主要航路に沿って機雷が敷設された。これにより、各地の工業地帯を結ぶ海上交通はマヒ状態に陥った。また、この頃から水圧感応機雷が使用されるようになり、機雷の処分はより困難になっていた。

飢餓作戦の第三段階は、五月十三日から六月六日まで。下関海峡への投下を続けると同時に、本州北西部および九州を狙った。水圧、音響、磁気機雷、なかでも低周波音響機雷が出現し、日本は掃海不能状態となった。

飢餓作戦の第四段階は、六月七日から七月八日まで。沖縄戦も終わり、沖縄を基地とした海軍のPBY飛行艇も敷設作戦に加わり、この間の敷設個数はこれまでの二倍に強化された。これまでの諸港、そして新潟などの日本海側の港湾、重要港湾の神戸、大阪にはさらに繰り返し投下し、神戸港も大阪港も船舶の航行数が激減、死の海と化した。

飢餓作戦の第五段階は、朝鮮沿岸にも及び、結局この作戦は終戦の前日、八月十四日まで続いた。敷設された機雷の数は、実に約一万二千個だと言われている。米戦略爆撃調査団の調査によると、終戦までにこれらの機雷により日本が失った艦船は三百五十七隻にすぎないという、被害としては突出したものではなかったが、しかしこの機雷敷設により、大阪港では、毎月百八十六隻も入港していた船が九十四隻に、神戸港が百十四隻から三十一隻に減少し、満洲などからの物資補給が大幅に低下していった。もとより「飢餓作戦」の目的は、輸送ルートの根絶である。目的は達成されたのだ。

機雷の投下が続く中、六月八日の御前会議では「国力の現状」と題する報告がなされている。それは、もし現在のような状況が続くならば「年末には、使用船腹量はほとんど皆無に近き状態に至るべし」、そして「局地的に飢餓状態を現出する」、「国民道義は頽廃」などという悲壮なものであった。

これにより、七月十一日（六大都市は動揺を恐れ八月十一日）から、食糧の一部減配が行なわれることになった。

こうして、完全に海上を封鎖されてしまった日本であったが、掃海の終わらない海面を、船舶はそれでも無理をして航行していた。船の航行は日本国民の生命の営みそのものであり、その生命の灯を消してはならぬと、一触即発の近海を、危険を承知で輸送任務を行なった人々も多くいたのだ。

また、朝鮮から大豆を樽詰めにして日本海の潮流にのせて流し、日本海沿岸で拾い上げるなどの窮余の策も考えられたのだというが、成功したのかどうかは定かではない。さらに、鋼材のない中で日々減っていく船を補うため、木鉄混合船、コンクリート船などを造り、最終的には木造船の建造を強化したが、機雷で埋め尽くされた「海の墓場」の前には、これもささやかな抵抗にすぎなかった。

この機雷戦に対し、わが国はいかなる対策をとったのであろうか。海上護衛総司令部参謀であった大井篤海軍大佐によれば、「かかる大掛かりな機雷戦に対して統帥部は無策であった。商港の防衛責任すら陸軍か海軍かはっきりせず、空中より侵入する敵機の防衛が陸軍の責任であることだけは確かであった。いずれにしても、責任のなすりあいをしても仕方がないので、船舶の被害で一番困る護衛総司令部がやむなく代弁者となるという始末であった」（大久保武雄著『海鳴りの日々』）のだという。

そもそも、船舶の護衛についてわが国の意識が希薄であったことは、返す返すもマズかった。南方の占領地から石油を運ぶわけだから、タンカーが敵の潜水艦に狙われるのは当然である。米海軍は潜水艦隊に「タンカー攻撃第一主義」を命令しており、米軍は石油基地へのタンカー入港の情報をつかんでいた。しかしながら、陸軍石油委員会には、護衛作戦の担当者が入っていないなど、対策は不備であった。そうこうしているうちに、タンカーの数は減り、飛行機は飛ばなくなり、軍艦は動けなくなり、民生は疲弊し、生産は落ちて、戦争に負けた。

それでも最後まで日本国民は、「欲しがりません、勝つまでは」と、空腹を堪え、モンペ姿で頑張ったのである。国の失策を責めるどころか、このように健気にやせ我慢をする当時の国民のことを、「哀れ」だという見方しか、現在の価値観からは生まれないかもしれない。各地で食べ物を巡っての小競り合いが、起きてもいたであろう。しかし、国のため、あるいは家族のため、死んでいった人たちのため、「負けじ」と、歯をくいしばった人も少なからずいた。この精神力は日本の誇るべき「武器」の一つと言えるのではないかと、私は思う。

なぜ日本は敗れたのか

一方、「対日飢餓作戦」を実行した米軍の事情はどうだったのであろうか。米軍としても、この一連の機雷投下は、失敗の許されない極めて重要な作戦であり、作戦成功のために大いに知恵を絞ったとみられる。いずれの種類の機雷も共通の機雷缶を使用し、パラシュートで水面に投下、船の特性に感応して爆発する仕組みとなっていたが、これは、米海軍が公募した多くのアイデアの中から優れたものを選び、採用されたのだという。

また、この作戦は陸・海軍の協同で行なわれたものであり、作戦の成功は米陸軍パイロットの手に懸かっていた。そのため、実行にあたっては陸軍航空部隊の搭乗員にパンフレットを配布し、「なぜ、この作戦を行なうのか」を周知徹底させ、士気を高める必要があった。そこで、イラスト入りで、「日本の船舶交通をノックアウトせよ！　日本の船舶を撃沈せよ！　日本側をして掃海させよ！」と書いたものや、

「船舶を沈めることは、産業に対する主要輸送手段である水上輸送をノックアウトし、結局は陸上輸送の崩壊を強いるであろう。日本の鉄道は現在は甚だしく貧弱である。そして、船舶輸送の停止により生じる一層の負荷に耐えられない。トラック輸送は日本人には実際に知られていない。山国の困難な曲がりくねった道路は最善の状態でも陸上輸送には不適である。そこで、船舶をノックアウトせよ！　しからば、本国経済はその補給および、配分組織において打撃を受ける」

など、わかりやすく説明されたものが多数用意された。

こうして米国陸海軍が「機雷」で心を一つに実現した作戦は絶大な成果を挙げた。帝国陸海軍がさまざまな局面において認識を異にし、それが結果的に敗戦への道を辿ったことを考えると対照的である。

そして、さらなる悲劇は、この機雷による「飢餓作戦」によって、すでに窒息寸前であった日本に対し、原子爆弾が落とされたことである。この実被害の大きさもさることながら、この原爆によって、日本を真の敗戦に追いやった原因である海洋政策の不備・不足は将来の戒《いまし》めとして分析されることがなくなってしまった。またそれが論議される時は「陸軍が悪い」「海軍が悪い」といった犯人探しに終始しがちである。いつまでも終わらない言い争いに終止符を打つために「原爆投下」は、言うなれば敗戦の原因や責任を突き詰める上で、日本にとってもいい言い訳になってしまったのだ。原爆が落ちるより以前に、機雷によってすでに日本は敗れていたのである。この「海上封鎖」の恐ろしさを忘れさせるためにも、原爆の力は大きかった。そして戦争は終わる。

その時、日本には、えも言われぬ虚脱感と無数の機雷だけが残っていた。日本海軍が敷設した五万五千個の防備用係維機雷《けいいきらい》と、米軍残存機雷六千個余りが不気味に漂っていたのである。何はともあれ、まずはこの「戦争の落し物」を大掃除することから、日本の戦後は始めなければならなかった。

だが、それは長きにわたり語られることを許されなかった事実である。それゆえ、日本国民の多くは、自然に港が再生し、貿易が復活したと思い込んでしまったのだ。いつの間にか経済が繁栄し、所得が倍増したと信じた。いや、そう甘んじていたかったのではないか。自分が生きるのに必死の、食うや食わずの時代から、もう義務に縛られるのは御免だという「権利」偏重の時代へ、そして自分さえ儲ければいいという利己主義の時代へ、その目まぐるしく変化する国民意識の波に呑まれ、戦争が終わったにもかかわらず、「日本のため」だと、危険な海に出て、ひたすらおのれの義務と責任を果たそうとした男たちのことなど、どうでもよかったのではないか。

あるいは、それが「時代の空気」であり、致し方のないことだったかもしれない。しかし、少なくとも今日からは、この「戦後の始まり」の真実を、今一度さらっておく必要があるだろう。その威力・成果を世に出さぬまま、葬られるのは、海中の機雷だけでいいのである。閉ざされた歴史を開き、真実を探り出し、尊重しなければなるまい。米国による「対日飢餓作戦」を日本人はどう乗り越えたのか、戦後の大掃除「航路啓開」について振り返ってみたい。

掃海ゴロたちの戦後

今井鉄太郎は大正十四年、下関に生まれた。鉄道員の一家として平凡ながらも幸せな暮らしをしていたが、昭和十年、父親が急死。事情は急変した。九歳にして奈落の底に落とされたような悲しみの中、それでも母親の頑張りによって幼年期を何とか育ち、下関商業を卒業して間もなく、少年電信兵として海軍に入隊した。

「人の嫌がる軍隊に　志願で出てくる馬鹿もいる」

などと、歌われていた時代であるが、志願するにはそれぞれに理由があった。今井の場合、海軍に志願した理由は極めて単純である。下関商業時代に経験した小銃を担いでの行軍が大の苦手であったこと、そして陸軍から派遣されてきた配属将校が嫌いだったことであった。

「このまま徴兵検査を受けていたら陸軍入隊は必至、ならばその前に海軍に入ってしまおう」

何しろこの頃は、健康な若者であれば軍隊に入る時代である、陸が嫌なら海軍に。それが動機であった。ところが、あてはハズレてしまった。精神棒で尻を叩く罰直《ばっちょく》、足腰が立てなくなるまでしごかれる甲板磨き、そして内臓をかき回されるような船酔い、

「船酔いで死んだ者はおらん！　モタモタするな馬鹿もん！」

罵声を浴びせられ悔し涙に暮れる日々が始まる。こんなに船に弱いとは、思いもよらなかった海軍生活であった。こうして若い血潮をたぎらせた青春時代も、昭和二十年八月十五日に終戦を迎えると、昨日までの必死の思い、その全てがまるで夢であったかのように幕を閉じ、わびしく復員する。

それからは呆然自失の中、母親の疎開先であった山口県田布施町で近所の農家を手伝う毎日が始まった。怒涛のような海軍での生活から一転し、わずかばかりの田畑の水呑百姓となった今井であったが、それでも秋となれば収穫の時期、人手不足ということもあり、あちこちに借り出されて、てんこ舞いであった。なんだかんだと多忙な毎日ではあったが、実際、こうした労働の報酬は白米を何升といった具合で、現金での報酬ではなく、母と、戦争で夫を亡くした姉、その子供たちとを一人で養わなければならなかった今井は、取入れが一段落する頃になると、再就職先を考えねばならなくなる。

しかし、そう簡単に見つかるはずもなく、焦りは募るばかりであった。そんな昭和二十一年の初頭、新聞広告で見つけたのが掃海艇乗員の募集広告だった。

「これしかないな……」

当座をしのぐ手段として選んだ仕事であった。しかし、これが今井と掃海との長い付き合いの始まりとなった。

トランク一つを片手に故郷を後にした。行き先は同じ山口県の徳山基地。「フーテンの寅さん」よろしく身軽な旅立ちであった。あんなに自分を苦しめた海へ、一心に向かっている自分自身がどこか可笑しい。海の潮気が恋しくなったのだろうか?

そんなことを考えながら徳山基地に到着すると早速の面接。と、言っても極めて簡単なものである。即日採用となり、第二復員官補として徴用漁船の掃海艇「三吉丸」甲板員に配置された。

この頃、日本近海で船舶が安全に航行するための「航路啓開」は至上命題であり、掃海にあたる人員の確保は焦眉《しょうび》の急であった。終戦までに敷設された機雷のうち、わが方の決死的努力で処分し得たものは約十二パーセントに過ぎず、昭和二十年八月十五日に終戦となったものの、機雷に終戦が告げられたわけではなし、残りの八十八パーセントの機雷は、全国の主要港湾の海底で、不気味に獲物を待ち続けていたのである。

また、米軍も、全ての機雷の速やかな除去を戦後真っ先に指示している。占領政策の第一歩は、とにかく、まずは機雷を片付けろというわけだ。陸海軍は解体され、軍関係者の公職追放が始まったが、掃海作業に従事する軍人に関しては、その適用が延期されることになった。

しかし、戦争中から作業を続けていた掃海部隊にとって、機雷を相手の奮闘はこれまでと何の変わりもなかった。八月十五日は、B29爆撃機がこれ以上機雷を落とさなくなった日に過ぎず、そこに機雷がある限り、彼らの戦いは継続していたのである。その頃、「海の墓場」と呼ばれていた瀬戸内海、徳山で掃海作業の指揮官はこのような訓示をしている。

「諸子はこれまで危険な機雷の掃海作業に日夜辛酸をなめたのであるが、終戦を迎えた今日この時から、さらに本格的な掃海隊員としての仕事が始まることを覚悟しなければならない。それが我々掃海隊員に課せられた責務であり、国家同胞に報いる所以である」と。

つまり、機雷を探し、処分するという作業に何ら変わりはないのだが、昨日までは「戦争目的遂行のための掃海」であったものを、今日からは、「祖国再建のための掃海」へと百八十度転換しなければならず、これは今まで以上に強い意志を必要とするのであった。「本格的な掃海隊員の仕事」をするための「覚悟」とは、もしそれで死んでも「戦死」という名誉は与えられないということを意味していた。

そんな戦後の掃海は、作業にあたる人の確保だけでなく、質の問題もだんだんと出てくるようになった。「戦争が終わったのに、なぜ命を懸けなければならないのか」「そんなことをするヤツは馬鹿だ」

という社会の風潮は海の男たちにも無縁ではなく、投げやりで虚無的になり、軍人や戦争への嫌悪感を持つようになった者も少なくなかった。それまで、髪の毛一本からシーツのしわに至るまで徹底されていた彼らの統率は、乱れ始めていたのだ。

各地方掃海部では、下駄履きで庁舎内を大きな音をたてて歩き、夜遅くまで飲酒のうえ大騒ぎしているとか、ヤクザと集団で大喧嘩などは日常茶飯事になっていた。

「掃海ゴロ」「掃海乞食」「掃海馬鹿」……荒くれ者の彼らはいつしか、そう呼ばれるようになり、何か事件があると、新聞ではその犯人像を「掃海風の男」などと書かれることもあったという。

こうして、戦後の掃海部隊は「これが帝国海軍軍人か」と嘆かれる場面もしばしばであった。しかし、そうは言っても公職追放の波の中、「海軍精神」がその火を絶やすことなく、現在まで受け継がれたのは、他でもない、この時の掃海作業があればこそなのである。

とにもかくにも戦後掃海は始まったわけだが、満足な装備は何一つないと言ってよかった。使用する艦艇も、「艦艇」というイメージからほど遠いものばかりで、海防艦約二十隻と、徴用漁船、木造の駆潜特務艇（駆特）、同じく木造で遠洋漁船型の哨戒特務艇（哨特）などが約三百隻余、そして人員は一万名余りであった。

劣悪な環境と夜の街

徴用漁船の掃海艇「三吉丸」の甲板員となった今井鉄太郎も、まずは機雷より先にこの「にわか掃海艇」と悪戦苦闘しなければならなかった。「キケン」「キツイ」「キタナイ」の今で言う3K、作業にあたる環境は劣悪であった。乗員の居住区は倉庫を使用、航海計器は磁気コンパスたった一つが頼りである。トイレがなかったことには最も泣かされた。後甲板の右舷に四角い穴が開けてあり、そこで用を足すのだ。穴の下は海面という天然の水洗トイレである。雨の日は傘をさしての用便。時化《しけ》の日などは、危なくてとても利用できたものではなかった。

そして、もちろん掃海作業もまったく楽なものではない。

「あなたソウカイ（掃海）わしゃキライ（機雷）、ワイヤワイヤで苦労する」

とは、掃海隊員が誰ともなく口にしたフレーズだが、掃海具を海に投入し、引き揚げる作業の苦労を物語っている。そしてこの、「掃海具」とひと口に言っても、そう簡単なものではない。特に今井の乗った「三吉丸」のように、五式掃海という方法の中心に位置する「電源艇」は、ワイヤーや長さ二百メートル以上もある重い電纜《でんらん》と、そこに装備してある重さ六十キロもある鉄製の浮標《ふひょう》を、わずか十〜二十人程度の人力で引き揚げねばならず、ごく小さな木造船の後甲板で、極寒の、あるいは灼熱

日本の戦後を切り開いた掃海部隊の面々

の中、波にあおられしぶきをかぶりながらの作業は、言語に尽くせぬ重労働であった。

「周防灘での作業はとりわけ骨が折れました」

今井は振り返る。周防灘は水深が深く、こうした海域での作業は、いっそう汗を流さねばならないのだ。全員が力と呼吸を合わせて引っ張るのだが、ワイヤーの滑り具合で力の入れ方が難しく、強靭な海の男たちの腕力をもってしても、揚収はやっとの思いであり、この作業を終えるとヘトヘトになる。しかし、ほっと一息つく間などはなく、すぐに翌日に備えて用具の整理を始めなければならず、こうした一連の作業を全て終えると、だいたい毎日、夜九時頃になっていたという。

そんな疲れきった身体を引きずって港に帰る彼らを出迎えるのは、街に灯る赤い灯、青い灯であった。気まぐれな海の気候と、つかみどころのない機雷と丸一日対峙してきた彼らを、暖かく包み込んでくれたのは港町の繁華街だ。

「疲れはどこかへ吹き飛んで、みんな溌溂《はつらつ》として上陸して行ったものです。若さの賜物ですね」

この頃の掃海隊員たちの写真を見ると皆、汚れてくたびれた服をちょっと不良っぽく着こなし、どこかいたずらっぽい面持ちでカメラを見つめている。明日は知れぬ命と、「宵越しの金は持たない」のを身上としていた彼らは、陸に上がると、とにかく大いに遊んだのだろう。

また、当時としては破格の給料をもらい、金離れが良くて女性からめっぽうモテる彼らには、やっかみも多かった。港町では不良にからまれることも頻繁にあったが、相手をコテンパンにやっつける方が多かったようだ。なにせ、毎日ワイヤーを引っ張る「綱引き」をして鍛え、小さな船で働く仲間同士の結束も固い。自慢の腕力とチームワーク、そして、戦争が終わっても、国のため命がけの仕事に従事しているという自負が、いつしか「怖いもの知らず」の気質を養い、いつ命を奪われるかわからない機雷と俺たちは戦っているんだという気概が、彼らに力を与えたのだろう。

そして彼らの自信は、その懐具合にも起因するとも言えそうだ。この食うや食わずの時代に、彼らはどれくらいの収入を得ていたかというと、航路啓開史編纂会編の『日本の掃海』には、下関の藤田吾郎所蔵の資料が紹介されており、昭和二十一年で基本給は五百九十七円四十七銭。そしてその他、航海手当、勤務地手当、掃海手当……といったさまざまな手当がつく。後に「ビックリ手当」というものも加わるが、これは改めて触れることにしよう。とにかくそれら手当などを入れると、月収は六千五百円ほどとなった。インフレで物の価格が急上昇していた頃とはいえ、理髪代が十円、銭湯が一円の時代である。終戦直後の日本において、航路啓開業務がいかに重要視されていたかがわかる。そのうえ、銭湯、電車、ストリップ等々が掃海隊員に限り割引価格や無料というところもあったので、まさに特別待遇だ。

どこでも自分たちの住む町をいち早く甦らせたい、そのためには復興を阻む機雷を、一日でも早く取り除いてもらわねばならなかった。こうした汚れ仕事を引き受けてくれる掃海隊員に、居心地の良い環境を作ることに各地が躍起になったのだ。掃海隊員の活躍は国のみならず、多くの地域が熱望するところだったのである。とはいえ、お金があっても、物も食料も入ってこないわけで、生活そのものは何かと不自由なことに変わりなかった。

掃海部隊の悩み

ところで、この頃、米軍兵士もこの航路啓開の掃海作業にあたっていたことはあまり知られていない。戦争が終わり、復員が進み、母国へ帰還する同僚を横目に、なぜ敗戦国の日本のために自分たちまで命を賭して掃海をする必要があるのか、日本人にやらせればいいではないかと、除隊希望者が続出したが、指揮官は「係維機雷が浮流すれば世界の海運に影響が出るのだから」と、苦しい説得をし、なんとか留まらせたのであった。

そして日本で機雷の餌食になった米兵もいた。珊瑚会編『あゝ復員船』に収められている吉岡博之の手記によれば、終戦の年の、クリスマスの翌日のことであった。対馬海峡で掃海作業を進めていた隊員たちが、越年覚悟で黙々と機雷を探していると、ガーンという鋭い爆発音とともに米艦が触雷した。

「掃海中止！　救助艇用意！　短艇員整列！」

と矢継ぎ早に号令がかかり、一斉に、まだ傾いたまま浮いている米艦の救助に向かった。触雷から十分もたたないというのに、米艦の周囲には無数のカモメが群がり、水面が泡立ち、盛り上がっているのが双眼鏡を通して見える。何時間経ったか、ようやく短艇員が戻って来て聞くと、水面が盛り上がっていたのはブリの大群がいち早く爆発現場に集まって、米兵の死体をカモメと争って食っていたのだという。また、当時の日本の掃海隊員とは違い、米兵は皆ライフジャケットを着けていたので、下半身や顔を吹き飛ばされた死体もプカプカ浮いていて、駆けつけた短艇員が、爪竿やオールで鳥と魚を追っ払いながら死体を収容し、米艦に引き渡したのだそうだ。

機雷は相手を問わなかった。戦後も死傷者は後を絶たず、昭和二十年八月二十四日、大湊から朝鮮へ帰国する朝鮮人を乗せた「浮島丸」（四七三〇トン）が舞鶴沖で触雷沈没し五百四十九名が死亡。九月二十九日、東京湾で護衛駆逐艦「ロッシュ」が触雷し三名が死亡し十名が負傷。十月一日、広島湾でLST一一四号が、朝鮮半島南東海域では輸送船「ブリッジ」号が、十月七日、関西汽船の「室戸丸」(一二五三トン)が大阪から別府に向かう途中に神戸の魚崎沖で触雷沈没し、三百三十六名が死亡している。

こうした犠牲を出す中で、掃海部隊はひたすら機雷を探し続け、その脅威を徐々に取り除いていったのである。

戦後復興に大きく貢献してきた掃海部隊であったが、彼らには常に二つの不安が頭の中にあった。それは「いつ機雷に触れるかわからない」ということと、「いつ職を失くすかわからない」ということである。

前述のとおり、終戦直後に帝国陸海軍は解体され、並行して軍関係者の公職追放令が発布となっていた。しかし、復員・引揚げ輸送の実施と日本沿岸の機雷掃海という仕事は、海軍以外にはできなかったため、海軍の場合は陸軍と異なり、人と機構は組織的な形で残されることになっていた。

しかし、復員輸送が大部分完了し、掃海業務も落ち着いてくると、様子が変わってくる。昭和二十一年六月十五日には第一・第二復員省が統合されて復員庁に縮小され、その後、昭和二十二年十月十五日には復員庁も廃止され、第一復員局は厚生省に、第二復員局が総理府に移管され、さらに二カ月後の昭和二十三年一月一日には、第二復員局も解体され、掃海および艦艇の保管に関する業務が運輸省海運総局掃海管船部に、その他の業務が厚生省に分割移管された。

占領軍は、掃海作業に焦る一方で、旧軍関係者の追放も急ぎたいというジレンマに陥ることになる。昭和二十一年六月十四日には、係維機雷の掃海が八月末に完了することから、三〜四カ月以内に全掃海従事者の五十パーセントを削減するよう占領軍から指令が出され、八月末には八千三百九十名から四千四百六十九名に削減された。掃海関係者は職業軍人の公職追放令から一応除外されていたが、掃海業務の進展に伴い、昭和二十三年一月には千五百八名に激減。そしてさらに昭和二十三年四月二十日には、掃海関係者中の追放該当者約二百五十名を、五十パーセントに達するまで、六月一日から毎月五パーセント削減することが指示され、十カ月後の昭和二十四年三月末になると、旧海軍士官は百二十五名に半減されていった。

こうした激しい組織の変遷と、迫り来る失業の圧力、今井鉄太郎もまたその波の中にいた。徳山掃海部では、まず徴用漁船の解用が始まる。今井が乗っていた「三吉丸」も大分県保戸村の船主に返還され、今井は大竹掃海部に転籍となるが、昭和二十二年七月に同掃海部も廃止。下関掃海部に移ることになる。その年の暮れになると、下関掃海部においても「掃海作業は本年度いっぱいで打ち切られる」という噂が流れ、いよいよ来るべき時が来たと、腹をくくることになった。

「仲間の何人かは、下関の漁船乗りに転職していきました」

今井は辞めていく仲間を見送り、不安な将来をみつめながら、しかし他にこれといったアテがあるわけでなし、しばらくは状況の推移を見守るしかなかった。

そんな昭和二十三年一月、掃海部隊が復員庁から運輸省海運総局に移籍され、いよいよ解散かと思われた時、岡山県牛窓港沖において関西汽船の旅客船「女王丸」の触雷沈没という事故が起きたのだ。未掃海面を航行したことによる悲劇であったが、これは数百名の犠牲者を出す大事故となった。今井はこの時、救助に向かい、乗員乗客の遺体を収容している。

「必ずかたきをとるぞと思いました」

不思議なことに、それ以後、今井の船にはエンジンの故障などのトラブルは起きなかったという。

「昔から、人を助けたり、さ迷う遺体を収容したりすると、その船には悪いことが起こらないと言いますが、もしかしたら……」

その「もしかしたら」は、あながち迷信とも言い切れないようである。実は、これを契機に内海の掃海はしばらく続行されることになったのである。

掃海部隊にとってみれば、多くの死傷者を出したこの事故で、職を失わずにすみ、命をつないだようなかたちとなったが、事実、「必ずかたきをとる」と誓った今井の言葉どおり、まだまだ機雷が海には残っていて、それらを全て取り除き、日本の港全てが「安全宣言」を出せるその日までは、なんとしてもこの仕事をやり遂げたいという思いが、彼らには強くあった。日本の海を知り尽くした自分たちが、安全を肌で実感するまでは「辞めてたまるか」と考えていたのである。それゆえに、掃海続行の決定は、危険作業の続行であったにもかかわらず、残っていた彼らにとっては、願いが叶ったような安堵をもたらしたのだ。これは、しかし「もしかしたら……」、女王丸と共に海中に散った人たちの切なる願いが通じたのではないか……、そんなことも考えてしまう。

ちなみに、こうした人命救助は、現在の海上自衛隊掃海部隊にも受け継がれている。海で何らかの事故が起きた場合、海上保安庁や消防、警察では間に合わない場合は、必ず海上自衛隊の掃海部隊に救援を求めるのが通例であるという。機雷を掃海する人たちが、今でも数々の海難事故に対峙していることは、あまり知られていない。

ともあれ、その後、掃海部隊は、昭和二十三年五月に海上保安庁に編入となり、神戸基地にいた今井たち掃海部隊の面々も海上保安官となった。立場的、気分的にも腰を据えて掃海作業に取り組むようになる。そして彼ら、海上保安庁の掃海艇乗組員に対して、海技講習が行なわれ、国家免許乙種二等航海士を取得するための機会を与えられることになる。

「それまで、見よう見まねで技術を覚えたに過ぎなかったので、嬉しかったですね」

こうして、夕方から夜十時頃まで、夜間の勉強が始まった。机に向かうのは、いつ以来だったろうか……、昼間は掃海作業、夜間は勉学という日課はすこぶるきついものではあったが、

「国が与えてくれたチャンス。これを機に立派な船乗りになろう！　腰掛け気分ではなく、この道で飯を食っていくぞと誓いました」

その覚悟と気概で、四十五日間、航海術、運用術、海事法規などと悪戦苦闘し、海図の読み方や沿岸航法の基礎事項を体得。見事に海技試験に合格した。初めて取得した国家免許に皆、感激一入《ひとしお》であったという。

今井は、その後もキャリアを重ね、海上自衛隊へ、そして第一術科学校の教官などを歴任。途中、護衛艦に乗っている期間もあったものの、最後は舞鶴の第四十掃海隊司令を務め、昭和五十年に二等海佐で退官するまで、まさに戦後掃海の歩みそのものと言える経歴を辿る。

「とりあえず」のつもりが実に三十年余り、何度も困難を克服しながら機雷と戦い続けたのだ。

2 充員招集

「もはや戦後ではない」と言われ始めた昭和三十一年十一月八日、一隻の小さな船が国民の期待と夢を背負い、東京港晴海埠頭を出港した。行き先は南極大陸である。敗戦から、たった十年しか経っていない日本、しかし、猛スピードで復興が進み、景気は勢いを増すばかりであった。

旅立ったのは、南極観測船「宗谷」であった。日本が、経済だけではない、真の意味で再起し、国際社会の一員として、世界規模での取組み「南極観測」に参加するという、いわば「立直り」の象徴的な出来事であった。

日の丸の小旗を振って見送る港の大勢の人々、それだけではない、出港してからも、漁船などが「宗谷」の近くに集まってきて、熱い声援とともに見送ってくれる。彼方では、カッター訓練をしていた防衛大学校の学生が、オールを立てて敬礼をしている。

この時、操舵長だった三田安則は、四方八方から近付いてくる船たちに、ヒヤヒヤしながらも、熱い思いがこみ上げてきていた。

もはや、戦後ではない……。

この約二千五百トン、全長約八十四メートルの小さな船に、日本の「これから」が懸かっている。三田は、日本の未来に向かって舵を握っていたのである。

戦争中は、船に乗るなどと考えたこともなかった。三田は飛行機乗りであった。第十三期甲種飛行予科練習生として三重海軍航空隊に入隊。山形の神町航空隊で特攻訓練を行なった後、石川県の小松航空隊へ。特攻隊としての出撃を五日後に控えていた時、終戦を迎える。仲間を何人も見送った。その記憶が、常に離れたことはない。

戦後、体を壊し故郷である山口県の俵山温泉で療養することになる。呆然とした頭の中で、進学でもしようかと考えていたところ、飛び込んできたのが「充員召集」だった。占領軍からのお達しである。「命令」ではないのだが、「占領軍から言われた」というのは、暗黙の強制力があった時代である。山口からほど近い呉に回航する空母「葛城」に乗れということであった。与えられたのは復員輸送の業務である。二十一年一月のことであった。

「進学するまで、一年くらいは船乗りになってもいいかな」

それまで、船とはまったく無縁であった三田にとっては、未知の世界へ足を踏み入れることになった。しかし「船乗り稼業は三日やったらやめられない」とは、よく言ったもので、これを契機に、船と人生を歩むことになる。

余談だが、船乗りに「あなたはなぜ船に乗ることを選んだのですか」と尋ねると、「船乗り稼業は……」と毎度同じ返事を聞くことが多いのだが、どうやら「やってみなけりゃわからない」とはこのことのようだ。海や船には、そこにいる人にしかわからない、磁石のようにひきつける強力な力があるらしい。とにかく、こうして三田は復員船に乗り組むことになり。ボルネオやサイゴンなど南方からの復員輸送を終えた。すると今度は佐世保に行って「海防艦による掃海業務」にあたることを命じられたのだ。

機雷と掃海の種類

海防艦による掃海とはどのようなものなのか、それに言及する前に、まずはここで「機雷」や「掃海」のさまざまな種類を整理してみたい。

まず「係維機雷」は、海底に設置した係維器（アンカー）からワイヤーにより海面近くまで伸びた機雷缶を結んだものであり、帝国海軍が敷設した自国の防衛のためのものが主である。これを掃海するには二通りの方法がある。

係維機雷を処理する「大掃海具五型」

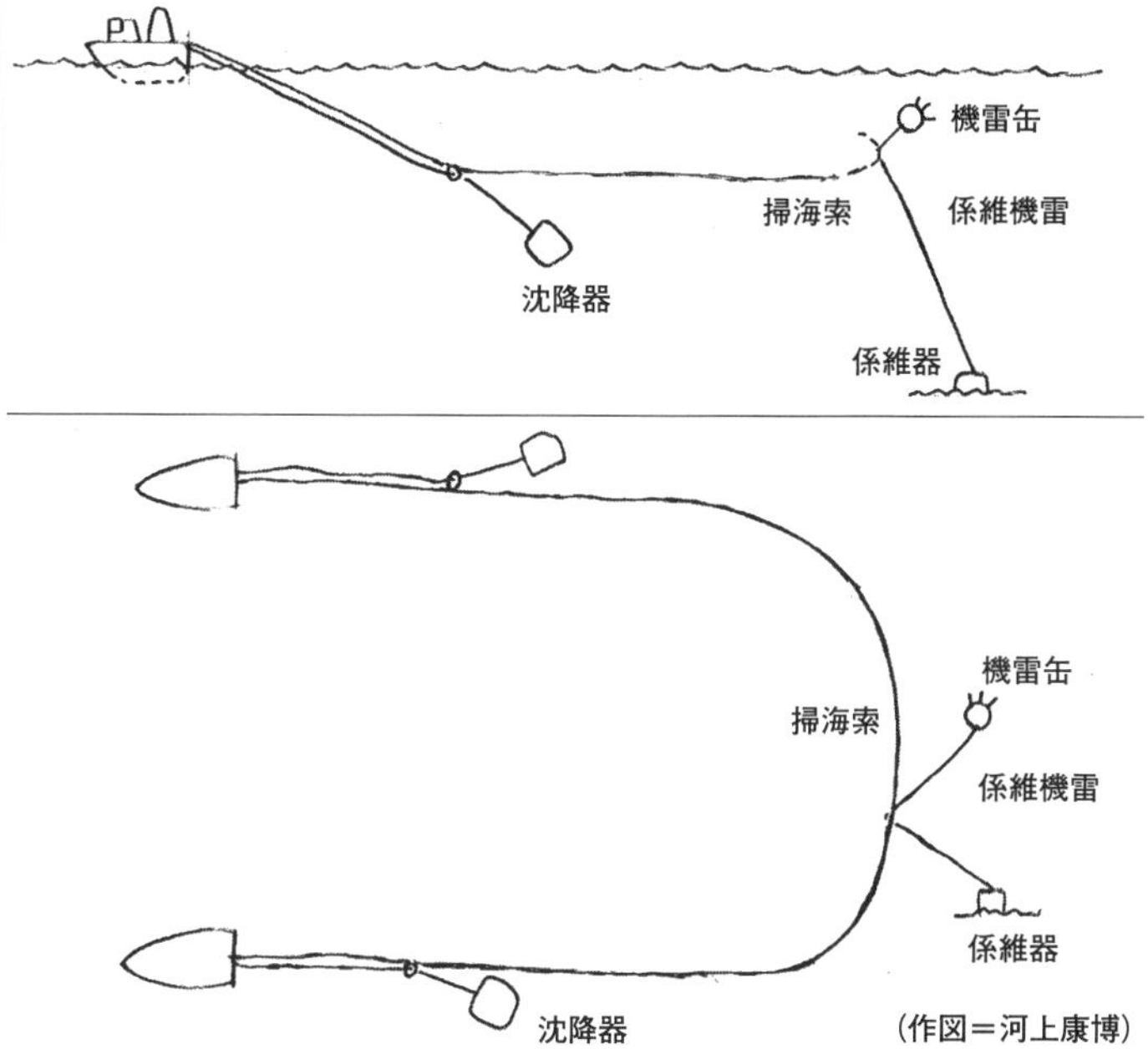

（作図＝河上康博）

一つ目は、沈めた掃海索で機雷を拘束し、係維器ごと曳航してきて、その機能を喪失させるやり方。もう一つは、機雷の係維索を掃海索で皮をむくようにこすったり、または掃海索に取り付けたカッターなどで切断し、浮上して水面に現れた機雷缶を銃撃して処分する方法である。

この係維機雷の掃海は、終戦後直ちに日米共同で始められ、昭和二十一年八月十七日にはいちおう終了となっている。しかし実は、水面から二十五メートル以上の深さのものは処理が困難ということで、対馬海峡・紀伊水道・北海道恵山岬付近にある合計千三百六十五個は、残されたままとなっていた。

その後、これらのほとんどは缶体が腐食し、自滅したのだが、一部のこのような未処分機雷がいつの間にか流れ出し、数々の事故を引き起こしている。前章でも述べた「女王丸」などのような、航行中の船舶への被害の他、海流や風に流された浮流機雷が、陸岸に漂着して自然爆発し、沿岸の住民や民家に被害を与えたケースもある。これは、昭和二十四年に四件、二十五年に二件発生している。このうち、二十四年三月三十日の新潟県小泊海岸の事故においては、死者六十三名、負傷者十五名、家屋全壊二十戸、半壊四十戸。また、翌二十五年一月七日の福井県浦生海岸の事故では、負傷者二十一名、家屋半壊三戸という被害が記録されている。その他の事故においては、民家のガラス窓の破損などにとどまっている。ちなみに、この浮流機雷については、昭和二十四年頃からは北朝鮮が朝鮮半島に敷設したソ連製機雷の浮流したものが大半を占めるようになったようだ。

『日本の掃海』によれば、なんとこれらの浮流機雷の一部は太平洋を越え、昭和二十三年三月二十日までに米本土に三十三個が漂着、昭和三十年と三十二年には、ハワイに八個が漂着、また太平洋を航行中の船舶五隻が触雷したという。戦後、米軍が「掃海を急がなければ、自国にも被害を及ぼすことになる」と、掃海作業にあたる米兵たちを説得したのは、決して大袈裟な理由付けではなかったのだ。そして、主に米軍が敷設した感応機雷であるが、これがやっかいである。まず、磁気機雷が三種類、音響機雷が二種類、加えて磁気・水圧複合機雷の二種類の計七種類がある。

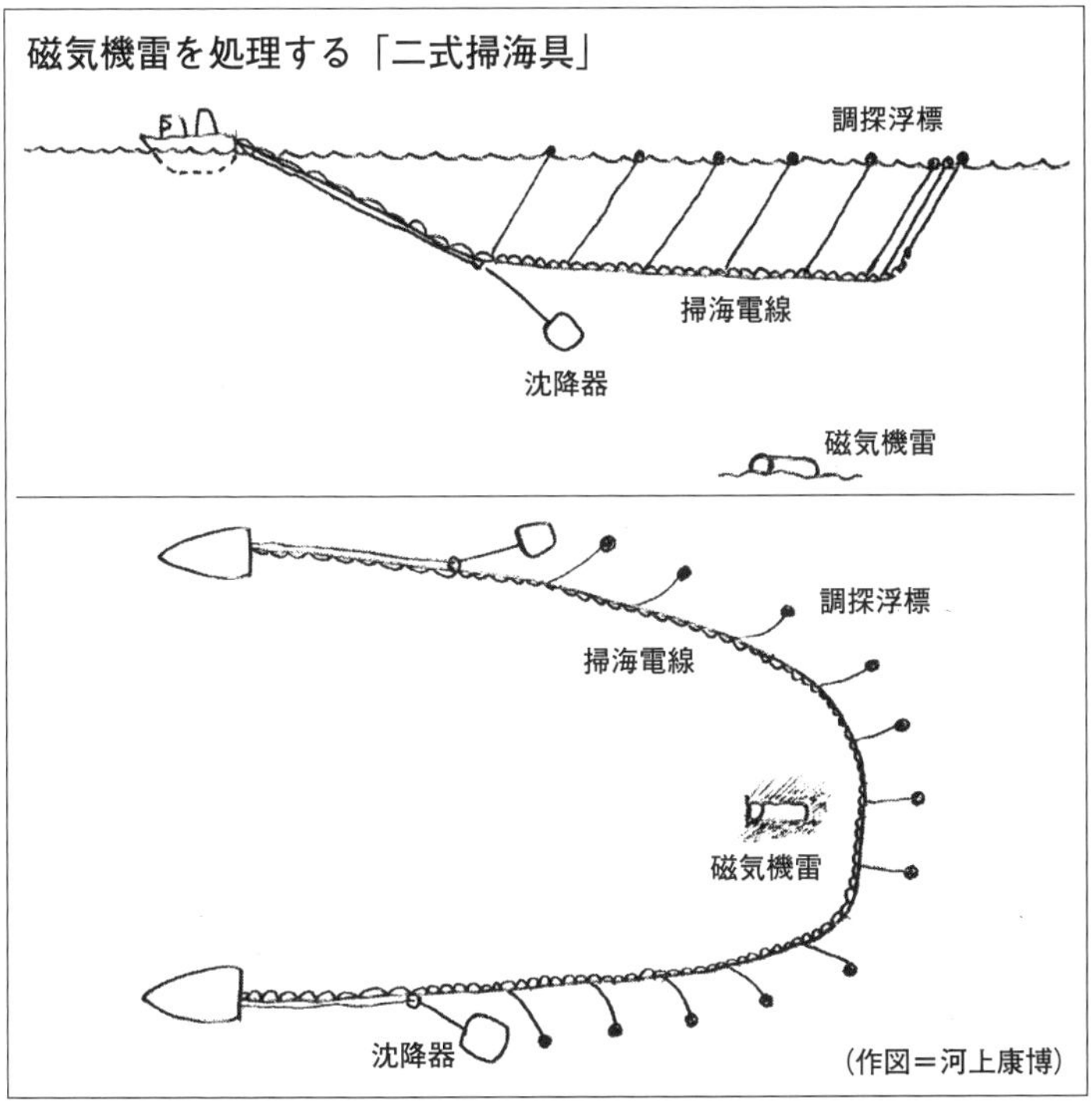

係維式のものであれば、曳航するなどの配慮が必要ではあるものの、通常の掃海具で処分ができる。しかし、沈底式は現在のように機雷一個一個の位置を正確に特定できる装置があればいいが、当時はそんなものがあるはずもなく、そのつど、磁気、音響、水圧の変化を与えてみて、それに感応させて爆発させる方法がとられた。

まず磁気機雷は、掃海電線に電流を通して磁気を発生させる通電式の二式掃海具を用い、この際、曳航する艦艇はかなり大馬力で強力な発電機を備えていなければならなかった。昭和十七年には、香港やシンガポールで捕獲した英国海軍の磁気掃海具をコピーした三式掃海具（掃海索に多数の磁性体の棒を吊り下げたもの）を実用化。そして昭和二十年から使用されたのが五式掃海具で、戦後も長く使用されている。中でも中央に電源艇、左右に側艇の計三隻で曳航するものが多く使われた。掃海電線は海底から十〜十五メートルを維持させて二〜三ノットで曳航し、そこに四百アンペアの電流を十五秒ごとにターンさせる。これで誘導型磁気機雷が感応するのだ。

音響機雷は、中周波（普通音）感応のものには、対潜戦訓練用の音響弾を流用して効果を収めたが、これは低周波感応のものには効果がなかったという。

水圧・磁気複合機雷には、水圧と磁気の変化を同時に与えてやらねばならず対策に苦慮した。実はこれは、当の米海軍にも有効な対応策がなかったのだという。

つまり「機雷」とひと括りに言っても、あるものは係維索によって海中に浮き、あるものは海底に沈んでいる、また、それぞれ何に反応するのか、皆目見当がつかなかったのだ。

そんな、八方ふさがりとなった日本の海を、生き残った海軍将兵がさまざまな掃海方法について知恵を絞りに絞り、それまでは敵国であった米軍と一緒に作業を進め、昨日まで、いかに大きな軍艦に乗っていようが、戦闘機に乗っていようが、それまでとは比較にならぬ頼りない船で、不安定な海に出て行った。ひたすらみんなで声を出し、力を合わせ、服を汚して、重い電線を引っ張ったのである。

かつては悠々と、誇らしげに航行した「我らが海」を、彼らは腫れ物にさわるように遠慮がちにノロノロと進まなければならなかったのだ。

掃海に使われた意外な船

そうした作業に、徴用の漁船が活躍したことは前述のとおりだが、航路啓開の主役となった船といえば、なんと言っても「駆特」と「哨特」であった。

「駆特」とは「駆潜特務艇」、「哨特」とは「哨戒特務艇」のことである。共に、もちろん掃海のために造られた船ではないが、木造で、曳航能力と発電能力があるため、昭和二十年三月二十七日の夜、B29爆撃機が磁気機雷を投下した時から、たちまちその存在が注目されるようになった。以来、数多くの「駆特」と「哨特」を触雷により失ったものの、両方とも、実に昭和三十年代まで、掃海作業に従事したのである。

これらの船が、思いがけず戦後掃海の主役となったことについて、私たちはつい、「思い出話」を聞くように、聞き流してしまいがちだが、ここには極めて重大な事実が暗示されているのだ。

前述の福井静夫は、昭和三十六年にまとめた『終戦と帝国艦艇』において、わが国の海軍が建造し、所有していた一切の掃海艇・掃海特務艇が役に立たなかったことを、以下のように記している。

「このわずか2行の事実は、ことにここで特筆したい重要なことである。戦艦大和、特型潜水艦、その他多くの他国に類を見ない優秀艦を建造しながら、まったくそれを使う機会を得なかったことと同じである。艦政当局と軍令部は当然その責任を負うべきであり、軍備を担当する軍務局とともに今や存在せず、また国民も事実を強く認識しないためにそれを責めない。責めても今や何にもならないが、誤りは悟らねばならぬ。前途を洞察し、役に立つ防衛力を備え、またいつでも重大なる事態に対処できるよう、その技術力と生産力を保有せねばならない」

そして以下の指摘に続く。

「現在の防衛庁の予算と、当事者の関心が、『維持』の面に対してより多く向けられ、『研究開発』および、さらにそれの基となる『調査』の面に極めて不十分であることを著者は危険極まることとみている。これを放置しておく国民は非常識である。甚だしきにいたっては防衛そのものに反対する者や、協力を辞する者すらいるが如きは実に遺憾である」

私はこれを読んで、頭から冷水を浴びせられたような気がした。この本はすでに色あせ、めくるとページがバラバラになってしまいつつある古めかしいものなのだが、五十年近く経った今日もなお、状況はまったく変わっていない。

平成十九年に「防衛省」に変わり、この年、装備品を巡る不祥事が表面化したことで、あたかも「もう、国防のために税金を使う必要はない」と言わんばかりの声まで出てきてしまった。長年にわたり「武器輸出三原則」の見直しにも着手せず、メーカーの努力はあったものの、技術基盤の低下を招いてしまったことは否めない。防衛予算が削られることに国民はなんの疑問も持たず、またその予算内での調達の非効率性も、これまで正されてこなかった。まことに「非常識な国民」と言わざるを得ない現状が、今なお続いているのである。

さて、話は戻り、このようにわが国が従来持っていた掃海艇が、木造でなかったために感応機雷に対しては使用できなかったことについて、「予想外のことでやむを得ない」とみる向きもあるようだが、感応機雷が世界に姿を現わしたのは一九三九年、ドイツが飛行機でイギリス沿岸に敷設したのが始まりであり、米海軍はこれを受けてすぐに木造掃海艇の大量建造に着手している。

一方で日本は、ドイツとは同盟関係であったのだが、このことについて何の研究もせぬまま、優秀な技術者を活かすことができなかった。この違いは、いかにも示唆的である。

悪いことばかりを書いたが、福井は、掃海に関係した技術者や士官、兵員それぞれの努力は極めて「絶大であった」と賞賛の声を送っている。

日本は初めて感応機雷の洗礼を受けた三日後に、陸上に誤って投下された機雷を確保することに成功した（これらは、港湾など水深の浅い箇所を狙ったため、誤って陸上に落とされたものも多いのである）。そして、これはただちに分解され、続いて調査、実験が行なわれ、なんと、さらに三日後には掃海法が確定し、さらにその二十四時間後には、早くも掃海作業に入っているのである。

「日本海軍技術陣の能力は、単に大和をつくっただけでなく、かかる実例についても、回顧する要があろう」
と、福井は述懐する。これを知るとなおさら、何事も常に後手にまわり、技術の枠を活かしきれなかったことは、返す返すも悔しいことである。

磁気水圧機雷に挑んだ試航筏隊

こうして、さながら機雷と技術者との「知恵比べ」が繰り返されていた掃海作業であるが、当の米海軍をして「打つ手がない」と言い放ったのが磁気水圧機雷であった。

通常、艦船は航行すると必ず波が生ずる。波が艦首で上がり、中央で下がり、また艦尾で高まる。波ができれば必ずその部分の海底には水圧の差が生ずる。この水圧の差により機雷が作動する。しかも、中型以上の艦船が五ノット以上で走る場合の水圧の上がり下がりの周期でないと作動せず、さらに磁気変化が作動しないと機雷は起爆しないので、木造の筏などを使ってみても効力はない。この機雷を掃海するためには実際の大型船舶を、実際の使用速力で走らせねばならないのだ。

この機雷は、一九四四年、連合軍のノルマンディー上陸作戦においてドイツ軍が使用し、この情報を得た米海軍は即時対策の研究に着手している。ドイツの同盟国であった日本はなぜその情報を知り得なかったのだろうか？　国も軍部も、機密の漏洩を恐れるあまり、同盟国であっても、兵器や最新技術の情報交換を著しく制限したというのだ。

「語りたくないものを無理に聞こうとはしない」のが、日本人の気質、良識と言えるのだが、同盟関係といえども抜け目なく情報収集をするような老獪《ろうかい》さが、日本の武官などにあっても良かったのかもしれないと、今となっては思う。あるいは、そのつもりで任務を行なっていたが、相手のほうが何枚も上手で、見抜けなかったのか。いずれにしても、こと「情報」に関しては、敵味方を問わず日本はいつまでも上手に扱えないのである。しかし、たったひとつの情報の扱い如何によって、多大な損害が出ることもあれば、多くの人を救うこともあるということが、この例をみても理解できる。

とはいえ、そんな磁気水圧機雷を目の前に、手をこまねいてばかりはいられない。米海軍が、苦肉の策として編み出した方法をとることになった。

「試航筏」（ＹＣクラフト）の登場である。これは、縦六十メートル、横四十メートルの箱型の船体に電線を巻き、一万アンペアの電流を流して磁場を作るもの。この筏から発生する水圧とともに磁気水圧機雷を処分するもので、海防艦が曳航することになっていた。

昭和二十年十二月、米海軍の命令により、日本に運び込まれた試航筏五基は、すぐに組み立てられ、約三カ月の速さで完成する。そして、昭和二十一年四月、海防艦１０２号、１５６号の二隻によってＹＣ１２０４を曳いて初めての実験が行なわれた結果、破れかぶれの試み（！）のわりに、良好な成績であったため、四月二十五日には試航筏隊が編成されることになったのである。

第一試航筏隊は、海防艦26号と156号がYC1204を、第二筏隊は、海防艦40号と102号がYC1205を曳航する。こうして、二隻の海防艦によって重い試航筏を引っ張るという「試航筏隊」が誕生したのである。

そしてこの海防艦156号に乗っていたのが、のちの南極観測船「宗谷」操舵長、三田安則なのだ。

「元海軍軍人ばかりが六十～七十名いたでしょうか。もとの階級で呼び合っていました」

三田はこの頃、自分たちがどんな思いでこの単純作業にあたっていたのか覚えていないという。

「淡々と。ひたすら淡々と。それだけでした」

小さな木造船に乗って、波に揺られながら大蛇のような電線を引っ張るのも、こうした海防艦に乗り組むのも、同じ「掃海」の仕事であるが、海防艦の場合は、巨大な板を曳いて、機雷と遭遇するまで何度も何度も同一海面を往復するという単調な作業、しかも触雷覚悟の、命の保障のまったくない中である。それは、つい最近まで血気盛んであった海軍軍人たちにとって、どんな時間だったのだろうか。三田のように、いわば無心で作業にあたった者もあれば、

「不安定で、ヤケっぱちな奴もいました。刃物を持って艦内で暴れたり、メチルアルコールを飲んで死んだ奴も……」

ちょうどこの頃、「特攻くずれ」「復員くずれ」「愚連隊」などと呼ばれるヤクザものたちが世に登場した。この掃海業務にあたった者たちも「掃海ゴロ」と呼ばれることが多かったが、これも戦後の、

それも敗戦国独特のニヒリズムを感じる呼び名だ。彼らは命を賭して、戦後復興を自らしているんだという自負を持ってはいたし、相当の報酬、この時代にしては破格のものを得てはいた。そういう意味では肩で風を切って歩くことができたのだが、占領軍の命令の下、いわば金で買われた命だ。どこか投げやりな心情を持つ者もあった。

いずれにせよそんな「掃海ゴロ」たちは、戦後の荒廃の中、職を失った者たちにとって、実に癪《しゃく》に障る存在で、当然ひがみ、やっかみも多かった。しかし、彼らは、死ぬことへの恐怖心を、とうにどこかへ置いてきた者ばかりである。不良にからまれるくらいのことには動じなかったのだ。

「取っ組み合いの喧嘩を、よくしましたよ」

三田の武勇伝は数多い。舞鶴では「一本松のカラス」と称される不良と殴り合い、吉見では上陸するたびに女性の人気を奪う掃海部隊の面々を恨んだ若者たちと大喧嘩となり、佐世保では娘の婿にという話まであった。各地で旋風を起こし、「負け知らず」のような彼ら掃海部隊ではあったが、しかし彼らもまた、「敗戦」という心の傷を負う日本人であることに変わりはなかった。

「掃海筏」YCクラフトによる掃海は、あっけなく終わった。二隻の船と大きな筏が縦一直線に航行するのだから、旋回する時や停止する時は困難を極め、操艦が難しく、周防灘では二回も触雷し破損してしまったため、昭和二十一年七月二十六日には米海軍に返してしまったのだ。

引き渡された日本の残存艦艇

その後、三田は「特別保管艦」と呼ばれる、米国・英国・中国・ソ連へ賠償引渡しされる日本の残存艦艇の管理業務につくことになる。これは、艦艇を我が家とし、生死を共にしてきた海軍軍人にとっては悲痛なものであった。

この約二百三十隻に及ぶ艦艇は、いつ引渡しの命令が下ってもいいように、全て常に良好な状態に保たねばならず、そのために各艦、艦長以下全員が極めて真剣に、その艦の最後を飾るために日夜、手入れに全力を尽くしていたのである。

この様子を福井静夫は「帝国海軍八十年を通じ、この時の総員の気持ちほど、無欲にして、かつ純粋だったことはあるまい。これは文字通り有終の美を飾る唯一の機会」と記している。

しかし、この多くの艦艇を、短期間に、しかも究極の物不足にあえいでいた当時に十分整備することは難題であった。しかし、彼ら旧帝国海軍軍人は「日本人として、旧帝国艦艇を見苦しい姿では、絶対にこれを渡し得ない」と、必死に取り組み、最後の塗装まで丁寧に仕上げたのである。

こうして最後のお化粧をすませ、祖国を後にする日を待ち、軍港に係留されていた引渡艦も、やがて全て港から姿を消した。その消息を知ることは、もはや難しい。

当時これらの艦艇は中国・ソ連には喜んで受け入れられた。一方で、米・英両軍については、実際このような艦艇で、その海軍力を増強する必要はまったくなく、したがって、これらの多くが当分の間、実験用か雑用として保存された後、間もなく標的艦として撃沈するか、または解体されたのである（その後、我が国に返却されたものもある）。

三田はこの保管艦艇引渡しのため、ソ連に赴いたときのことを強烈に記憶している。佐世保から出港し、やがて引渡しの段になるとソ連の士官が乗艦してくる。日本の乗組員は彼らに申送りや、整備、訓練等を施してやる。万感胸迫る思いであったが、三田をはじめ彼らはそれらを誠実に行ない、間もなく艦を引き渡すと、基準艦（母艦）に乗って内地に向け出港するのである。

その、まさに帰還しようとした時、ふと見ると、港に多くの日本人の姿がある。幻ではない、かなり大勢の人が声も出さずに、しかし、何かを言いたげにじっと自分たちを見つめている。

抑留されていた日本人たちだったのだ。声を上げたいが許されない、手を振ることも叶わない、祖国へ帰る母艦を目の前にして、訴えるような目で見つめている。三田はどうすることもできぬまま、多くの同胞たちと、引き渡して二度と会うことのない我が艦を瞬きもせず見入るしかなかった。

この艦や、この大勢の人たちの、その後のことはまったくわからない。母艦はナホトカの港をゆっくりと離れ、視界から遠ざかっていった。「敗戦国」という重石《おもし》が、ずっしりとのしかかった。

こうして「戦後」という時代の真実を目の当たりにし、幾度となく傷付きながら歩いてきた三田は、掃海部隊の仲間の大半が進んだ海上自衛隊への道は選ばず、海上保安官として残った。三田が掃海部隊で乗艦していた海防艦156号はその後、解体されたという。

そして昭和三十一年十一月八日、「もはや戦後ではない」と、三田の乗った南極観測船「宗谷」は日本を出港した。地道な戦後処理に奔走してきた三田にとっても、新たな一歩であった。日本人の底力の賜物である。「宗谷」は旅立ち、日本の輝かしい未来へ歩みだしたのである。

そして、ソ連から最後の抑留者がやっと帰国を果たしたのは、そのしばらく後のことであった。

三田は今、「宗谷」を後世に残すためにでき得ることを模索している。南極へ行く時に大改造をしたとはいえ、それでもすでに五十年以上、そもそもの建造は昭和十三年であり、船齢は七十歳を超えるこの老船は、東京・お台場「船の科学館」で今なお洋上に浮かんでいるのだ。その、苦労を共にした「宗谷」がいるお台場に、自宅から三時間もかけて三田はしばしば足を運んでいる。

機雷と悪戦苦闘したあの海の姿は、すでに遠い過去。今や穏やかに波打つ愛すべき我が海に、かつての仲間「宗谷」はいつでも待っていてくれる。それは数多の友、幾多の船との別離を経験してきた三田にとって、何よりの幸せなのだ。

3 モルモット船

「人の命一万円で買います」

これは、新聞の見出しである。

「試航筏」は米国に返してしまったものの、磁気と水圧を組み合わせた磁気水圧機雷は「サヨウナラ」と母国に帰ってくれるわけではなく、依然として日本の海に残ったままであった。

米国側の見解では、これら感応機雷の内臓電池の寿命は昭和二十五年の八月頃までで、それまでにおおむね無害化するとのことだった。しかし、そうは言っても我が国としては、いつまでも腕組みをして掃海方法を思案している暇はなかったのだ。そこで浮上したのが「試航筏」ならぬ「試航船」を使った掃海方法である。

これは、危険海面を航走して自ら触雷して処分するというものだ。「Guinea Pig Shi

p」と呼ばれ、ギニア・ピッグとは「犠牲の豚」とも読めるが、これは医学の実験用に使用されるネズミのことで、つまり「モルモット船」というべきものであった。掃海した海面が本当に安全かどうか、実際に航行して確認するための船である。

米海軍はリバティー型あるいはビクトリー型貨物船を改造し「ジョゼフ・ホルト」「ブラット・ビクトリー」「マラソン」の三隻の試航船を完成させて、昭和二十年の十二月から試航を開始。「マラソン」が神戸で一発を処理している。これで効果を実感した米海軍は、日本にも、この「試航船」の運用を求めるようになったのだ。

昭和二十年十二月二十日、連絡官であった実松譲と林幸一両元海軍大佐は、第五艦隊参謀長から呼ばれ、戦艦ニュージャージーを訪れる。そこでとうとう「早急に日本側も試航船四隻を整備するように」という指示を受けるのだ。

しかし両大佐は、社会的に混乱を極め動揺している現在、言うなれば「特攻隊」に類するような試航船での作業に、果たして乗員が確保できるのかどうかが問題であると主張した。

すると、参謀長はこう言い放った。

「君たち日本人は戦いに負けた国民である。そのような説明は占領軍には不要。早速この指令を政府に伝達せよ！」

二人には返す言葉がなかった。これは、いわば「問答無用」の命令だったのだ。

林は敗戦国の惨めさを感じながらも、自らが試航船指揮官を申し出て「東亜丸」に乗り込むことを決めたが、問題は乗員の確保である。戦争が終わり、海軍も解体され、あっという間に世の中の価値観が変わってしまった今、このような犠牲的精神を気安く求めることはできなくなっていたのだ。

そこでものを言うのは、やはり「お金」である。「人の命一万円で買います。試航船乗員募集」という記事は、そうした経緯により出た記事らしい。記事の内容はこうである。

「この強行処理船は触雷必至の、いわば戦時中の特攻機を思わせる特攻船であり、乗員募集に困難をきたしている。試航船団指揮官および各船指揮官には旧海軍将校が決定済みだが、乗員確保に困り果てた第二復員局は船員の身分、待遇、被服、補給、障害保障その他を旧海軍並みとし、そのうえに掃海危険手当一万円を支給することとした」と。

やはり、「戦後」というこの特殊な時期を、簡単に呑み込むことはできないなと、つくづく思う。日本人の記者が、つい昨日まで口にしなかったような荒い語気でこの記事を書いているのかと思うと、この時代、いかに日本国民が戸惑い、苦しみながら生きていたのかを垣間見た気がする。なにぶん、占領下の記事であること、当時の一万円が破格の金額であることなど、現在とはまったく違う特別な事情の下であり、今の時代の人間がどうこう評価するのは相応しくないが、とにかく、この「試航船」乗組みに対しては、大きく分けて真っ二つの反応があったことは確かであった。

一つは、「俺がやらねば誰がやるのだ！」という人たちだ。

『日本の掃海』には、試航船「わかくさ丸」にいた河崎春美の手記が収められており、かつて「回天」の操縦要員だった河崎は、試航船乗組みを命じられた時のことを、次のように振り返っている。

「ようやく平和になったかと思えば必死のモルモット、なんとも星の巡り合わせが悪い。今だったら少し考えさせてくれと言うところだが、当時は若くて戦時中の気分が残っていたから『俺がやらねば誰がやる』という気持ちになった」と。

また、同船に乗組みを命じられた、後の海上保安大学校教官である千葉新治も、その時のことを、「私の胸は騒いだ。しかしよく落ち着いて考えると、私は戦時中、何回となくこれが最後と思う出撃をしたが、今まだ健在だ。多くの先輩、戦友、後輩が静かに眠る海にもう一度行かねばならぬ。命ある限り何度でも……そう思って静かに課長に目礼して部屋を出た」と、回顧している。

彼らは、一瞬の逡巡《しゅんじゅん》があったものの、「やはり俺がやらねば」と決心を固めた旧海軍軍人たちである。

一方、「そんなことはとんでもない！」と激しく抵抗した人たちもいた。そもそも試航船となった四隻は「東亜丸」「桑栄丸」「わかくさ丸」がタンカーであり、「栄昌丸」は貨物船であった。つまり民間の船だったのだ。「わかくさ丸」だけは、当時まだ艤装中だったこともあり、旧海軍軍人を充てることにしたが、その他の船には、従来の船員をそのまま雇用することが、当初は決まっていたのである。

ところが、反発はことのほか激しいものであった。彼らと交渉をするために、試航船指揮官となった林が「東亜丸」を訪れると、すでに船長以下全員が下船を決めたのだといい、林は船長との面会を二回も拒否されている。

そして「桑栄丸」では、船長以下総員が林を囲み、吊るし上げ的な団体交渉となる。たまりかねた林が、口約束ではあったが「一人当たり一万円を支払う」という条件を出したことで、先の新聞報道が出たのだろう。ところが、復員局が支払いを渋り、またぞろ不満が噴出。昭和二十一年三月初旬、訓練を終え呉に入港すると、林を一室に軟禁、呉地方復員局長に会わせろと騒ぎ立てたのだという。

結局、その三月下旬に船長以下総員が退船してしまい、とうとう、船員が全て去った船だけが残ったのだ。結局それから、この試航船四隻全てが、元海軍軍人の乗り組むところとなったのである。

そんな状況の中で試航船による作業は、本来の船員が去った翌月、昭和二十一年四月から始まった。前述の千葉によれば、その作業は「忍」の一字に尽きるものだったという。着任してみると人が集まらず、しかも占領軍から早急な運行を迫られ、そのうえ初めての仕事である。人が足りない。経験も技量も足りない。食糧も足りない。燃料が足りない。ないないづくしの船出だったのだ。

また、試航作業そのものも、一千メートルの航路幅を試航して、航路を啓開するためには、百メートルごとに引いた同じラインの上を、間違いなく百五十回も走らなければ有効でないため、二分ごとに位置を入れて確認しながら走るという、至って根気のいる仕事であった。

まして、自ら触雷覚悟の上で（触雷しなければ掃海にならないのである）危険海面を連日航掃するのであるから、極めて細心を要する操船と的確な針路の保持が求められ、すでに米船の実績もあり、実際そんなに恐れることもないかとは思われたものの、そうかと言って、いつドカンとくるかわからない、その緊張はいかばかりだったかと思う。元海軍軍人が作業にあたったとはいえ、心中は察するに余りあるものであった。

肉弾掃海

米軍が先に行なった際のノウハウ（と言ってよいほどのものなのかどうか）は、そのまま受け継いだ。例えば、米軍では、機関は遠隔操縦とし、触雷した時のショックで乗員がケガをしないよう、操舵所と機関管制所の天井と床に綿入りマットを装着。操舵員は戦車用のヘルメットをかぶっていた。わが国の試航船も、操舵所と遠隔管制所の甲板には畳を敷き、その上に綿か、もしくは藁布団を敷く。天井にも寝台マットを取り付け、操舵員はなるべく厚い防空頭巾を着用。また、船倉には何千本ものドラム缶が積まれ、バラスト代わりにした。触雷して浸水した場合は、浮力を保持することにもなるという。そして人命救助用として、なるべく高速の監視艇を随伴させていた。こうして準備した上で船体に太い電纜を巻き付け、これに通電して強力な磁場を作り磁気機雷を処分しようというわけだ。

試航船による作業は、自らを触雷させるという、いわば「肉弾掃海」で、極めて不安定な条件の下で行なわれた掃海であったことには違いないが、一つ、どうしても気になることがある。

それは、現在この試航船による掃海のことを「特攻掃海」という名称で表現する場合があることだ。これは正式なる名称ではない。まして、当時この掃海現場にいた人たちの間でも「特攻的である」とは言われたかもしれないが、「特攻掃海をするのだ」というつもりで作業にあたっていた人がいた、という話は少なくとも取材した限りではなかった。むしろ「そんな言い方はしなかった」という声の方が多いのである。つまり、「特攻掃海」とは、爾後、その事象を評した第三者が付けた名称であり、主観が含まれていることを否めない気がするのだ。

歴史学者でもない私が口を出すのは僭越至極ではあるが、呼称に関しては、その当時、実際に多く使われ一般的で、誰でも納得するものを重んじて欲しいと切に思う。さもなくば、言葉は独り歩きし、後世、それが「真実」と捉えられ、歴史が思いがけない方向へ塗り替えられることだってあるのではないかと、心配性の私は、思うのである。

ともあれ、この試航船による掃海は、米軍が「モルモット船」と呼んだくらいであり、あたかも特攻のごとく、危険を覚悟の厳しいものであることは確かであった。

試航船乗りの覚悟

「わかくさ丸」、そして「東亜丸」は試航船の役目を終えると、船舶運営会に返還されることになり、また、「栄昌丸」と「桑栄丸」は海上保安庁に引き継がれた。そのうち「栄昌丸」は元の会社に返還された後、昭和二十五年七月一日に引退。「桑栄丸」(昭和二十九年十二月「桑栄」と改称)は海上自衛隊に引き継がれ、その後も長年にわたり掃海業務についている。

十一年間、「桑栄丸」で掃海業務についていた藤井定は、昭和二十二年に初めてこの船に乗り組んでから、常にこの船と共に掃海人生を歩んだ人物だ。船と一緒に海上保安官から海上自衛官になり、藤井が三等海尉になった時、「桑栄」は自衛隊を去った。

藤井はその後、駆特「ひよどり」に乗って引き続き掃海の任務にあたることになる。以後は、新隊員の教育や陸上勤務を経て、昭和五十一年に三等海佐で退官。船乗り人生に区切りをつけると、そこで改めて「桑栄丸」や終戦当時のことを思い出すようになった。

藤井もやはり、この試航船の乗組みについて、当時の心境が特別なものだったとは記憶していない。「自己犠牲」というような大そうなものも意識はしていなかった。要するに自然な感情だったのである。

危険海面を繰り返し掃海する試航船「桑栄丸」

「九回目に通った船が爆発する設定になっているというので、同じところを九回、繰り返し繰り返し通るんです。動物園の熊じゃ、と言ったものでした」

また、試航船の乗り組みが長かったため、藤井は当時にして八万円の所得税を故郷の岩国北河内村に納めており、これは村長の次に高額であったのだという。この頃はまだ、千円札も発行されていない時代であった。彼ら掃海部隊員は百円札でポケットをいっぱいにして街を闊歩《かっぽ》した。それゆえ、学校や施設などさまざまなところから寄付の要請がひきもきらなかったという。食うや食わずの当時の人々からすれば、彼らの懐具合は、まことに羨望の的以外の何ものでもなかったのだ。

しかし、彼らが休暇で家に帰るたびに、「これがお別れよ」と挨拶して海に出て行ったこと、そして戦争が終わったにもかかわらず、何度も何度も出征を見送る心境で、息子や夫を見送った家族がいたことは、外からは見えないことだ。

現代人は、「なぜそんな危険なことをするのか」と、訝《いぶか》しがるかもしれない。また「金のためにするのか」など、今の多くの人はその理由をいろいろと勘ぐる癖がある。しかし、答えは簡単だ。この頃まだ、自分の知らない不特定多数の人のため、また同じ日本人のために骨を折る人々が存在した。それだけのことである。今の日本人の複雑な感性ではちょっと合点がいかぬかも知れないが……。

『終戦と帝国艦艇』には、日本人掃海部隊の勤勉さを物語るエピソードが記されている。

「昭和二十一年二月の、ある雪の激しく降る日であった。普通ならこのような悪天候をおかしてまで出動しなくともよいと思われるほどの日だったが、わが試航船は前日同様、呉を出港して、狭視界の中を困難を極めながらも試航を果たして、夕刻帰港した。われわれは寸時も早く任務を果たし、内海を安全にしたいから、このような悪天候をも忍んだのである。そして降雪中の作業まで、まさか米海軍も知っていないであろうと思った。しかし、米艦も実は当日、我々の出港を知って、やはり出動し、レーダーでわれわれの行動を知悉していたのである。このことは、ただちに米在日海軍司令部へ報告され、わが掃海隊の真面目を如実に彼らに認識させる結果となり、以後米海軍のわれを信用することいよいよ大となったのである」

このような一つ一つの出来事が、その後の日米の信頼醸成にもつながっていったと言っても過言ではない。試航船の掃海中は、必ず米艦艇もその付近にあって、連絡その他の援助と護衛をしたという。

そして、初代海上保安庁長官である大久保武雄が記した『激浪二十年』には、「わかくさ丸」に乗って機雷原の上を航行した時のことが描かれている。

「乗組員が、『長官、風呂がたちました』と言うので風呂に入っていたら、若い乗組員が背中を流しに来た。若い乗組員と裸で話しながら、掃海業務の苦労や、彼の故郷のこと等を聞いてやるのも、やはり現場の乗組員の士気を鼓舞するゆえんだと思った。

宇野の町で、まだ夜の明けぬころ起きて、闇屋が並んでいる埠頭を粛々と船に向かって歩いていく掃海隊員の顔には、廃墟の中から将来の日本を築きあげようとする若い情熱と希望とが読みとられた。だれしも、きょうの飯が欲しい、あしたのために一円の金が欲しい、命を捨てることはまっぴらだ、自己犠牲などは大馬鹿もののすることだ。こういう風潮がみなぎっている敗戦日本の焦土の中に、将来の日本を築きあげんとする若人の自己犠牲と希望、献身と努力の精神がみられるように思った」と。

多くの日本人が、自己の幸福のみを追求し始めた時代、ひたすら機雷原の上を走り続けた試航船とその乗組員たち。彼らは特別な人間でもなく、かといって投げやりな人間でもない、ただ一途に、ただ明日の日本のために、危険覚悟の「海の大掃除」に乗り出したのだ。彼らの存在なしに日本の繁栄はあり得ない。それだけは確かであり、また、その復興の恩恵を受けた日本人の多くが、彼らの存在を知らず今日に至っていることもまた確かなのである。

4 海上保安庁誕生の背景

最近、海上保安庁特殊救難隊を描いた『海猿』がブームとなった。『海猿』に影響され、海上保安官を目指す若者が増えているというが、彼らの中に『海猿』を産んだ海上保安庁が辿った苦難の歴史を知る者が、どれだけいるだろうか。海上保安庁「掃海部隊」の活躍を改めて振り返ってみたい。

海上保安庁が誕生したのは、昭和二十三年五月一日である。大変な難産であった。大久保武雄は、著書『海鳴りの日々』において、「海上保安庁は不具の児として誕生させられた」とさえ言っているのである。

その頃のわが国周辺の海といえば、魑魅魍魎《ちみもうりょう》が跋扈《ばっこ》する無法地帯と化していた。無数に漂う機雷が船舶を脅かしていただけではない、あらゆる犯罪もまた、海をわがもの顔で往来し、また、この頃、「赤化」という不気味な兆候も海から現れ始めている。

引揚げ輸送が行なわれるようになり、シベリア抑留者の中には革命教育を受け、日本赤化のため帰国させられた者も多数含まれていた。彼らは下船の際に「赤旗」を振り、「帰国」ではなく「天皇島上陸」などと口々にがなりたてていた。そして、その他多くの引揚げ者が帰る家を失っていたために、仮住まいとしていた船には、共産党が潜り込みオルグ活動を盛んに行なっていたという。

こうした船において、共産党指導による船員大会も開かれた。船上でこれらの動きが活発になっていたのは、「海の男たち」の置かれた厳しい状況が背景にあった。

大東亜戦争における船員の殉職者は海軍の戦死者を超え、漁船員も含めその数は六万人にも及んでいたのだ。終戦時での日本船の数は八百七十隻余りに激減しており、明治以来築きあげられた日本商船隊は壊滅状態に陥っていたのである。そんな「明日乗る船のあてがない」という、不安定な事情、船員の心の動揺と空虚に共産党がつけ入ったのだ。こうして海員争議は勢いを増し、組合の結成（昭和二十年十月五日に全日本海員組合が早くも結成）、ゼネストへの動きなどは、船員が起爆剤となって、その後、鉄道などに飛び火していったと言われている。

そして、海の民に忍び寄る魔の手はそれだけではなかった。こうした海員争議が行なわれていた昭和二十年末頃から、中国、朝鮮、ソ連による日本漁船拿捕が頻発するようになっていたのだ。拿捕船の船員が抑留されたため、事業が倒産したものもあり、その妻や子は、主なき家に取り残され、飢えに泣いた。中には国籍不明の船によって撃沈され、投げ出され泳いでいる船員を銃撃するという野蛮な行為もあったという。

終戦直後、占領軍が援助物資を送ろうにも機雷に塞《ふさ》がれた港へは入れない、そんな究極の食糧難で国民はほとんど全てが栄養失調状態にあった。そんな中、なんとか栄養源を得ようと漁に出た人たちがいたのだ。小さな漁船を駆使し、餓死寸前の日本国民を救うための、ほんのささやかな魚を求めたのである。そうした行ないまで無碍《むげ》に抹殺されたのかと思うと、なんともやりきれないが、これが「敗戦」の現実だったのだ。当時、運輸省船員局長だった大久保はＧＨＱに赴き、

「日本の海軍を解体した後、日本の漁船を守れるのは米海軍をおいて他にない。私は船員局長として、漁船が拿捕され、船員が拉致されるのを黙視するわけにはいかない。現在、日本人は食糧難で、国民は飢え、治安に対する心配さえある。そういうときに日本の漁船を拿捕することはもってのほかである。ＧＨＱは、日本漁船保護に全責任を持ってもらいたい」

と訴え、さらに、ＧＨＱに、もしそれができないなら、日本側に日本漁船を守る組織を作らせてもらいたいと申し入れたという。

その頃、海軍なきあとの日本の海の守りについて「水上監察隊」を設置するという構想などが出ていたものの、占領下という当時の事情に阻まれ、実現に至ってはいなかったのである。

これが、海上保安庁誕生の夜明け前であった。大久保はその当時の海を、

「それは国内の闇取引きを助成する大動脈であり、密漁者の黄金の漁場であり、密貿易と不法入国

のために開放された門戸であった。船内賭博が盛んに行なわれ、海賊の横行さえしばしば伝えられた」と表現している。そして、無数の機雷もまた海には潜んでいて船舶の航行を脅かしており、海上交通によって国民の生命が保たれている日本にとっては危機的状況であった。

日本の海の危機

そんな中、昭和二十一年六月、韓国にコレラが発生する。これは日本にとっても「対岸の火事」ではなかった。その頃、日本への移住を希望する韓国人が後を絶たなかったからだ。昭和二十一年から二十五年にかけて、その数は約二十万人にものぼったと言われている。ただでさえ、インフレと食糧難に悩まされていた日本に押し寄せる韓国からの人々、しかもそこにはコレラの患者が含まれているかもしれないとなると、これは、ただごとではなかったのだ。

そこで占領軍は昭和二十一年六月十二日、日本政府に「病原菌侵入の恐るべき危険を顧慮し、密入国者を監視し、これに対し断固たる措置をとる」との要求をした。これを受けた政府は、七月一日に運輸省海運総局に不法入国船舶監視本部を、九州海運局に不法入国船舶監視部を発足させたのである。こうして「目の前の危険」である密入国者については、なんとか体制が整ったものの、この他の海上保安業務については従来から、警察、税関、検疫所、海運局、灯台局、水路部、第二復員局といった各機関がそれぞれ独立して行なっていた。これを誰もが非効率、不合理であると感じながらも、これらの一元化を図ることは容易ではなかったのだ。

実はこの数カ月前、占領軍は米沿岸警備隊からフランク・ミールス大佐を招き、日本の海上保安体制を調査し対策を確立するための準備をしていた。ミールス大佐は綿密に日本の慣習や伝統を研究したうえで来日し、日本の実状を視察。そして同大佐から、直ちに水上保安施設を作るようにという勧告が、運輸省海運総局に提出されたのである。

こうしてミールス大佐のような立場から促されたことによってか、政府内の所管争いに決着がつき、とにかくこの組織は運輸省を中心として準備が進められることになった。その際ミールス大佐は、「GHQでは日本の軍備再建を非常に警戒しているので、これを刺激するような案は作らないほうが賢明だ」と、注意までしてくれたのだという。このことは「夜明け前を告げる一番鶏の声のようであった」と、大久保は記している。

この勧告にもとづき、日本政府は昭和二十二年五月、運輸省に海上保安機構を設けることとし、GHQに実施の許可を求めることになるのだが、GHQも決して一枚岩ではない。民生局がこれに反対したのだ。つまり、組織的で、よく訓練された制服着用の軍隊が規模の制限なく設置されることは、どんなに表面をとり繕っても認められないという姿勢なのだ。

いわゆる「軍国主義」を髣髴《ほうふつ》とさせるようなことは、それが何であれ、まかりならないのである。

余談だがこの神経質な体質は、そのまま現在のマスコミや教育の世界に純粋に受け継がれた。なにしろ、それくらい「占領政策」という薬は強烈であった。

そこで日本政府は、海上保安庁に対する次のような制限を受け容れることにする。

(1) 総人員が一万人を超えないこと。
(2) 船艇は百二十五隻以下で合計トン数が五万トンを超えないこと。
(3) 船艇は千五百排水トンを超えないこと。
(4) 船艇の速力は十五ノットを超えないこと。
(5) 武器は海上保安官用の小火器に限られること。
(6) 活動範囲は日本沿岸の公海上に限られること。

ミールス大佐が、「私でさえ、海に乗り出すことをためらう」と言ったというこの条件で、海上保安庁設立の最終案は芦田内閣によって承認され、昭和二十三年四月十五日、国会を通過した。しかし、保安庁設立まであと二日……、と指折り数える段になって、対日理事会や極東委員会で、イギリス、ソ連、中国、オーストラリアが騒ぎ出した。

「日本に海上保安庁が設置されるのは、日本海軍復活の前兆だ」

と、ソ連が言えば、中国などが、

「かかる脅威の発生につき厳重監視の必要がある」

などと応えるという有り様であった。米国代表はこれらの非難を否定し、海上保安庁の設立を主張し、押し切った。マッカーサーは、これを乗り切るために、草案にあった三インチ砲は搭載しないことなどを決め、海上保安庁法第二十五条には、「この法律のいかなる規定も海上保安庁又はその職員が軍隊として組織され、訓練され、又は軍隊の機能を営むことを認めるものとこれを解釈してはならない」という条項を加えたのだ。

手足を縛られての出発

海上で密航船を取り締まるといっても、大砲がなければ、速力の優る相手の船を強制停船させることはできず、まして速力は十五ノットと制限されていて、それより速い船を使われたら追いつきようがないのである。大久保はこれを「警官が丸腰のまま下駄履きで犯人を追いかけるようなものであった」と述べている。

また、保安庁の旗と意匠は、昔の陸海軍を思い出させる「桜、錨、星、朝日は使ってはならない」というお達しで、旗は紺青色地にコンパスマークを白で染め抜いたもの。制服にもなんだかんだといちゃもんをつけられ、帽子の徽章は桜を使いたいところを我慢し、梅でコンパスマークを囲むことにした。そんなわけで大久保は「梅干し長官」と呼ばれたのだそうだ。

「大砲もない」「速力も出ない」海上の取締りは、瀬戸内海の密漁船にすら追いつけなかった。当時は、夜闇に乗じて潜入してくる密輸密航船に対して丸腰で逮捕に向かい、逃走する容疑船に、食糧の「じゃがいも」を投げたりしていた。中には犯罪船を取り押さえるために相手の船に衝突し、相手の船の船腹に穴をあけて停船させ、薪を握って飛び込んで逮捕することもあったという。

ちなみに、この頃、朝鮮人が勢力を持って好き勝手をしていた対馬（現在も目を覆うような状況らしいが）では、関正雄初代海上保安部長が大活躍をしていたという。

映画『玄界灘の狼』主演の藤田進がモデルを務めた海上保安庁のポスター

柔道四段の猛者ということで密航者の取締りに乗り出し、自ら巡視船に乗り込み、海峡の警備にあたった。密航者に襲われた時も片っ端から投げ飛ばしたので恐れられ、密航者は激減。家族が多かった彼は、妻に内職をさせながら、清貧を貫き、最前線の警備に全力を尽くしたのだという。昭和二十五年封切りの新東宝の映画『玄界灘の狼』は、この関をモデルにしているのだといわれている。

たった四隻の観閲式

観閲式も行なわれた。東京湾で行なわれた第一回観閲式には、主力の駆逐特務艇がたった二十八隻ではあるが堂々と……と言いたいところだが、これも全国各地に一隻しか配備されていなかったため、参加できたのは横浜に配備されていた巡視船「しぎ」と塩釜から呼び寄せた「かもめ」、そして水路部の測量船「第四海洋丸」と「第五海洋丸」というたったの四隻であった。そのため観閲式は瞬く間にすんでしまった。観閲船は木の葉のような内火艇である。観閲船で誰かが「恥ずかしい」とぽつりと言うと、長官附として入庁していた最後の海軍省軍務局長である山本善雄元少将は、

「日清戦争前の観艦式もこんなものであったと聞いている。まして日本は敗戦直後だから仕方がないではないか。すべては、これからだ」

と言ったという。

占領下の東京湾に、たった四隻の小船を浮かべて行なわれた、十分間の観閲式であった。しかし、そこには今、海上保安官として再び海へ出ることが許された旧帝国海軍軍人一万人の「いつか、必ず」という、真の意味での再起への志があった。だからこそ、このささやかで数分間の儀式に、えも言わ

れぬ感動があったのである。

それから六十年が経ち、海上保安庁は成長した。日本の海岸線を守ることはもちろん、その活躍の場は広い。密航や、海難事故、その他多すぎるほどの任務を、限られた予算と人員の中でこなしている。時代は変わっても、玄界灘で多くの密航者と素手で戦った精神は、いまだ生きているのだ。

このようにいじめられ、叩かれて生まれたのが海上保安庁であった。『海猿』に至るまでには艱難辛苦の道のりだったのだ。そしてここに、海運総局から機雷掃海業務も引き継がれたのである。こうして、曲りなりにではあるが、第一歩を歩みだした日本の「海の守り」は、この後、悲願の海上自衛隊創設にも漕ぎつけることになる。

海上保安庁と海上自衛隊は、わが国にとってまことに力強い存在である。四面環海の日本にとって、「国防」とは「海を守る」ことに他ならない。そして、本土から遠い地点から防御を固めるのが、防衛の常識だ。とすれば、距離からしてまず、「海」と「空」、そして「沿岸」、「陸」の順に守りを固めなければならない。

核を搭載したミサイルが常に日本を狙っているかと思えば、木造の小船に乗った工作員がレーダーをかいくぐり上陸してくるという危険が常にある国が日本であり、どの部分の防衛が最も重要だ、などとは言えないのである。サッカーの試合と同様、オフェンスもゴールキーパーも磐石《ばんじゃく》でなければならない。どれも重要なのだ。国の独立、主権、平和、安全を守る各組織が、同じ一つのチームの一員として、その能力を発揮することは極めて重要であろう。

掃海の話から逸れてしまったようだが、戦後の掃海について語るには、この海上保安庁誕生の裏側も欠かせない要素なのだ。このようなきつい制約がある中で、われらが掃海部隊も作業をしていたのである。その象徴的な出来事を次の章で紹介したいと思う。

5　悲しみと喜びと

終戦の年の十月、一隻の船が沈没、三百三十六名もの犠牲者を出すという大事故が起きた。この船は別府航路の関西汽船「室戸丸」で、大阪から別府に向かう途中で機雷に触れ、船もろとも多くの人命が海中に沈んだのである。ところが、これだけの大惨事にもかかわらず、翌日の新聞には報道されていない。二日後のものでやっと、隅の小さな記事で見つけることができる程度だ。これは、当時の日本が置かれた状況を如実に表している出来事であった。

これと同様に、戦後、船舶の触雷事故は後を絶たなかった。しかし、それらの事実はほとんど大きく報じられることがなかったのだ。なぜか。

理由は、米軍による対日機雷敷設行為が国際条約に違反していたからである。これは明治四十年十月に、オランダのハーグで締結され、明治四十三年一月二十六日に発効したもので、その「自動触発海底水雷ノ敷設ニ関スル条約」には、このようにある。
「単ニ商業上ノ航海ヲ遮断スルノ目的ヲ以テ敵ノ沿岸及港ノ前面ニ自動触発水雷ヲ敷設スルコトヲ禁止ス」（第二条）

これによれば、商業上の航海を阻むような機雷を敷設することは禁止されていたことがわかる。日本が機雷により八方ふさがりになり、掃海作業に奔走していたその頃、極東国際軍事裁判いわゆる「東京裁判」が行なわれ、日本の「国際法違反」が厳しく問われていたこともあり、GHQが必死で、この機雷による事故を秘匿したのは当然であろう。

それゆえ、機雷によって命を落とす人々がどれほどいたとしても、それは「戦死者」でも「戦没者」でもなく、何にも該当しない、そういう人たちのことはなるべく報じないことで、早く忘れてもらおうと努めたのである。

掃海作業中に負傷、殉職した掃海部隊員に対しても同様であった。そもそも機雷は、敷設した国が責任を負い、機雷がある旨を告げたうえで、被害を出さないような措置をとらなければならないと国際条約で決められている。掃海作業に身を投じた日本人のことなど、表に出せるはずもないのだ。

なお『日本の掃海』によれば、終戦から昭和二十四年五月までに、掃海作業中に受けた被害は掃海艇三十隻、死者七十七名、重軽傷者二百名であったが、亡くなった隊員の葬儀は表向きにできず、ひっそりとその死を悼むよりほかになかったという。

昭和二十四年五月二十三日、関門海峡東口で起きた掃海艇ＭＳ27号の触雷沈没事故もそのうちの一つだ。『日本の掃海』に収められている、当時、同じ現場にいた僚船の艇長であった浜野坂次郎の手記には、その時の様子が克明に記されている。

「午後一時四十五分頃、ＭＳ27号の船底から水柱が沸き上がった。水柱が落ちると、すでにＭＳ27号の煙突から後方が水面下に沈んでいた。ＭＳ17号は機関が停止した模様、私のＭＳ22号も一時機関が停止したがすぐに動きだし、直ちに救助に向かった。横付けしようにもＭＳ27号は船首を突き出しているのでできず、艫に回って生存者を救助した。

負傷者三名を救助してからも、懸命に捜索したがどうしても四名足りない。とうとう四名もの尊い犠牲者を出してしまった。三十日までに潜水夫を入れて船内から西崎三郎操機長、小椋勉操機員、藤原修三操機員、井川勇二操機員の遺体を収容した。西崎操機長は新婚ホヤホヤ、小椋、藤原、井川操機員は独身だったと記憶している。（中略）これ以降、特に大きな事故もなかったが、それも四人の御霊が守ってくれたからであろう」（ＭＳは掃海艇）

この時の光景は、銃弾に倒れた戦友を、仲間である同じような木造の船が懸命に助けようとしているようだったという。手記にも「三十日までに潜水夫を入れて」四遺体を収容したとあるように、事故の起きた二十三日から一週間をかけて捜索したことがわかる。

掃海部隊はチームワークで成り立つと述べてきたが、こうした緊急事態においては特にその団結力がうかがえる。どうせ死んでも闇に葬られる、そんな覚悟をしていた彼らではあったが、せめて同じ掃海の仲間だけは最後まで見捨てるものかと、全力で探し続けたのである。磁気機雷対策として木造船が用いられていたのだが、どこかの機器に反応してしまうこともある。掃海作業に百パーセント安全という対策はないのだ。

大久保武雄海上保安庁長官と田村久三掃海課長は、すぐに下関に赴き、船に揺られ事故現場に向かった。海面からわずかに見えているMＳ27号のマストの前でエンジンを止め、白百合の花束を海上に流した。五月雨がそぼ降る中であった。語ることの許されない彼らの死。MＳ27号の殉職者はみな二十歳代の青年ばかりだった。一人は結婚した直後、ほとんどが独身で子供のある者はいない。将来、一体誰が彼らのために泣いてやれるというのか。やりきれない思いが雨粒とともに海面に落ちていく。叫ぶことのできない彼らの名前を呼んでいるかのように、哀悼の汽笛だけが鳴り響いていた。

こうした掃海殉職者の存在が、かろうじて世に明らかになるのは講和条約締結後のことであった。これは昭和二十七年、占領軍への配慮が不要となったことと、瀬戸内海をはじめとした各重要航路、港湾に対する安全宣言が相次いで公布されたことで、初めて掃海作業が海運の再開にいかに貢献したかが認識されるところとなったのである。

そこで改めて、その人柱となった御霊を慰めようと、兵庫県知事をはじめ神戸市など全国三十二港の市長が発起人となり、四国琴平の金刀比羅宮に掃海殉職者顕彰碑を建立することになった。昭和二十七年六月二十三日、初めて彼ら掃海殉職者は公然と弔われたのである。この日も小雨が降り続いていたと記録されている。

待ち望んだ「安全宣言」

「安全宣言」とは、機雷掃海が完了し、全ての船舶の航行に対して安全である旨を告示することであるが、これは、米海軍がチェック・スイープ（確認掃海）を行なって初めて、極東海軍司令部から発せられることになっていた。

昭和二十六年九月八日に対日講和条約が締結されたことで、同年十月八日には航路啓開業務が正式に日本政府に移管され、日本政府が自主的に掃海業務を行ない安全宣言を発布することになったのだ。これにより次々に港が一般船舶に開放され、港湾都市からは歓呼の声があがった。

この「安全宣言」による経済効果は絶大で、復興を大きく後押しすることになった。なお、戦後、日本側で掃海した海面からは、一度も触雷事故を出していないという。これはひとえに、日本の掃海部隊の誠実さによるものであろう。何度も危険な海面を行ったり来たりする作業を、辛抱強くこなした。入るだけで報酬が十分もらえた当時の掃海部隊、ひとたび海に出てしまえば、いくらでも誤魔化せたのではないか。おのれの生活のためだったら、真面目にやっているフリをして、収入だけ得ることもできた。しかし、彼らはひたすら真面目に、着実に作業にあたり、米国軍人を驚かせたのである。

元米国防総省日本部長のジェイムス・アワー著『よみがえる日本海軍』によれば、「連合軍の削減後、一九四九年までには日本掃海部隊は、複雑な最新式機雷の取扱い能力を除いては、西太平洋地域において最大かつ最優秀の掃海部隊となっていた」という。これは、現在の海上自衛隊掃海部隊にも引き継がれている。彼らは必ずしも装備に恵まれず、むしろ機器の導入に関しては他国に追随するような場合が多いが、それでも極めて優秀とされるのは、掃海部隊員の気質によるところが大きいような気がする。

とにかく、昔から掃海艇乗りはよく働くと言われている。小規模な船ゆえ一人で三役四役を担うのは当たり前で、それを全員がきちんとやり遂げなければ、この船は立ち行かないからである。掃海艇に乗ることになると初めは戸惑うようだが、一度、掃海艇を経験すればその後はどこへ行っても通用し、成長は著しいと、現自衛隊でも言われているようである。

それでも、戦後の航路啓開に携わった人たちから見ればまだ「ラク」なのである。先輩たちに言わせれば、今の人たちには「コンピューターがある」「無線がある」というわけだ。かつては併走する掃海艇との連絡は、手旗信号を使うくらいしかなかった。

また、レーダーなんてものはないので、三角測量という方法を用いて、自身の船がどこを通ったかを割り出していた。わかりやすく言えば、自分の船がその日どこを通ったのかは、自分の目で測るのだ。そしてそれを毎日、作業後に基礎面図に写す作業が欠かせず、これはだいたい夜十一時頃までかかっていたのだというから、聞いているだけで疲れてしまう。

とにかく、一日でも早く掃海を完了して「安全宣言」を出せるまでは、少しでも時間がもったいない。朝は夜明けと共に作業を開始し、「休日」は、あることはあったが、これは実際、船の整備の日にあてられていた。つまり、掃海部隊に休日はないに等しかったのである。

嵐と涙の天覧観閲式

そんな彼らにとって、忘れられない出来事がある。昭和二十五年三月のことであった。

天皇陛下の四国巡幸が発表され、そのご巡路に小豆島土庄《とのしょう》が含まれていたのである。しかし、ここは未掃海面であった。そこで直ちに、ここを掃海しようということになり、掃海艇六隻、木造曳船六隻、そして掃海母船「ゆうちどり」が急派された。「ゆうちどり」は鋼船だったので試航船として参加している。

作業は三月七日に開始され十三日には完了……、と、どの資料にも簡単に書いてあるが、この短期間に掃海を完全なものにするのは並大抵の苦労ではなかった。「突貫掃海」だったと振り返る声もある。隊員たちは不眠不休で、海面を睨みながら船を走らせ続けた。早春の寒風が吹く中、懸命に作業を行なったのである。しかしいくら頑張っても、最終的に安全を確認できなければ何の意味もない。米国側の資料から投下地点を探るが、実際、誤って山中に投下されたものもあり、投下誤差を考えると極めて危険な海域である。確実な安全を確認するために、最後は試航船「ゆうちどり」が、御召船に代わって航路を試航したという。

十五日、行幸当日。姫野修指揮官率いる二十四隻八編隊の掃海部隊は、播磨灘の掃海を実施していた。掃海作業には万全を期したはず、あとは御召船が水路を正しく航行してくれることを信じ、祈るのみであった。

空は晴れ渡っているが、身を裂くような北風が強く吹いていたその時、遠く、土庄航路に陛下のご通過を認め、一同は安全航行をひた願い遥拝した。御召船には元第六管区海上保安本部掃海部長の池端鉄郎が同乗し、掃海の状況説明を行なっていた。その時の様子を手記に記している。

「高松出港後、陛下は左舷甲板にお出ましになり、私はご前に進み、左舷北方遥かに小豆島北航路掃海中の姫野掃海隊指揮官が率いる二四隻八編隊による整然たる磁気掃海の状況を望見しながらご説明申し上げ、かねて整備した五式掃海具の略図により掃海の方法のほか回数起爆装置のこと並びに最近の処分実績などを申し上げ、隊員一同危険を顧みず懸命の努力をいたしていることを申し上げたところ、陛下におかせられてはそのつど頷かれ、次のようなご質問があった。

『話を聴くと危険な作業のように思うが殉職者は何人か』

『七六人でございます』と申し上げると、続いて『今、殉職者の遺族はどうしているか』とお尋ねになり、私は『それぞれ郷里におきまして暮らしておることと存じます』と申し上げると、『どうか遺族が困ることのないようにして欲しい』と仰せられ、私はご温情に感激してご前を下がり急ぎ船橋に向かった」(『日本の掃海』)

陛下はそれから高松、高知、徳島、鳴門に向かわれ、鳴門ではうず潮をご覧になったというが、三月とはいえ春は名のみである。寒さが続いたからか、旅のお疲れのためか、感冒にかかられて一日ご休養をとられた。それで日程が一日遅れ、翌日の三月三十一日に小松島を御出港になり、淡路島の洲本に向かわれることになった。しかし、この日の海上は大時化であった。

そして和泉灘の中間にさしかかると、関門、瀬戸内海掃海の任務にあたっている掃海部隊三十二隻が、指揮船「桑栄丸」を先頭に、二列縦陣を作り、荒天の中、登舷礼で御召船をお迎えしていた。掃海船隊の指揮は、当時、海上保安庁の田村久三航路啓開本部長がこの任につき、観閲の指揮官は大久保武雄長官であった。大久保はこの時のことを、次のように記している。

「私は天皇に、『掃海船隊が編隊航行をしつつ登舷礼を行なっておりますが、非常な時化でありますから、天皇はおとどまりいただき、登舷礼に対しては私どもがこれにこたえるようにいたします』と申し上げて、私は甲板に立っていたところが、私の上着の裾をうしろから引っ張る者がある。ふり返ると天皇が、揺れる船の甲板の、しかも吹き降りの雨風に揺れながら立って、掃海隊の登舷礼に答えておられた。私は、びっくりして天皇陛下のうしろにさがって侍立した次第であった。

四国ご巡航の間、海上でも陸上でも、大きい声を出さなければ天皇のお側からなかなか離れないカメラマンたちも、この時化ではどうすることもできず、みんな船には弱いとみえて、下の船室にもぐり込んでふとんをかぶり、中には八百屋を並べていた連中もあった様子であるのに、天皇は椅子に座って端然とした姿勢をくずされなかった。さすがに波に揺られながら、小舟で海洋生物の研究にきたえておられる天皇は、まことに船にお強い。これは漁師以上だと、私は感心せざるを得なかった」(『激浪二十年』)

木造の小さな船ばかりの掃海艇、荒くれ者の代名詞のように言われた掃海隊員、船に電線を巻いて自ら機雷に当たりに行く試航船、それらが整然と隊列を組み、御召船前を通る。遠くとも彼らの眼には、御召船上の陛下がしっかりと見えたに違いない。海上保安庁の、いや、彼らは旧帝国海軍軍人に他ならない。彼らと陛下の船と船との間には、どんな想いが交錯したのであろうか。

漁船に乗って掃海作業にあたっていた、前出の今井鉄太郎もこの船隊の中にいた。この時のことを、「縦列間の距離は三百メートルだったと思うが、測距儀なども搭載しておらず、仕方なく六分儀を使って前続艇の高角を測って、その距離を確認しながらの航行であった。高角と距離との一覧表を事前に作成するなど、乗員一同精一杯の準備を進めていた。とにかく隊員は、大感激の一日であった。旧海軍時代はともかくとして、海上自衛隊においては、天覧観艦式とか天覧海自演習などの行事は一度も行なわれていない。これらのことから考えてみても、「画期的な行事であった」と、振り返る。見事に一定の距離を保ち、荒れる海の揺れる船上で直立不動の姿勢を保ち続ける登舷礼。これを為すためには、並々ならぬ緊張感と努力があったのだ。一方で、陛下は、お風邪を召されたばかり、病み上がりでの荒天下。互いにこれ以上ない悪条件であった。

ちなみに、私も何度か海上自衛隊の観艦式に赴いたことがある。見事な隊列にいつも感激するものだが、終わるとドッと疲れている。ただ艦上で波に揺られ艦隊を見ているだけで、しかも姿勢をきちんと正しているわけでも何でもないのだがこの有様である。体力の低下している時だったらとてもじゃないが耐えられないだろう。ことのほか海を知悉されていた陛下におかれては案じるには及ばないことではあるが、もしかしたら観艦式のイメージが湧かないという方もあるかと思い、蛇足まで。

それにしても、荒海の中での御親閲、これはあたかも日本国の航路であった。言いようもない悲しみを乗り越え、どんなに揺られどんなに辛くても、決してよろめかず、姿勢を崩してはならない。そう、足を踏ん張った時代だったのだ。

6 朝鮮戦争への道

掃海部隊が、天皇陛下の御親閲という晴れの舞台に臨んでいた頃、朝鮮半島には暗雲が立ち込めていた。

そもそも米国は、日本統治下にあったこの半島にはほとんど関心を持ってはいなかったようである。しかし、第二次世界大戦が終結する間際、ソ連がドサクサ紛れに参戦してきたことから、さすがに方針を変え、米ソにより朝鮮半島の共同占領を目指すことになった。その境界線は、ちょうど半島の中間線であるということで、北緯三十八度線に設定された。

マッカーサーは、日本に進駐した直後に、この三十八度線以南の管理のため、ジョン・ホッジ中将を派遣。一方でソ連は北朝鮮に進出した。マッカーサーは、日本の占領政策に忙しく、朝鮮に関してはホッジ中将に任せきりだったという。そんな状況下の昭和二十三年八月、大韓民国は李承晩を大統領に選出した。

マッカーサーは、日本に対しては支配権を持っていたが、朝鮮に関しては米国国務省の管轄だったのだという。そうしたこともあってか、南北朝鮮は、昭和二十五年時点ですでに、韓国の兵力が極めて軽微だったのに比べ、北朝鮮側はソ連から軍事顧問を迎え、大量の人員兵力、ソ連製の戦車や大砲、高性能のソ連製戦闘機を保有するに至っていたのだ。北朝鮮は、韓国を赤化する準備を進めていたのである。米国の情報収集力をして、そうした実情を知ってか知らずか、あるいは、ある程度の情報を得ていながらも相手を侮っていたのか、または逆に情報戦にしてやられたのか、とにかく韓国防衛の意識は希薄であった。

アチソン国務長官は昭和二十五年一月に、

「米国の防衛線はアリューシャン列島に沿って日本に伸び、それから沖縄にゆく。我々は沖縄に重要な防衛陣地を保有しており、将来とも保有し続ける。防衛線は沖縄からフィリピン群島にいたる。太平洋方面における他の地域の軍事安全保障に関するかぎり、何びとも軍事攻撃にたいする安全を保障できないということを、明白にしておかなければならない」

と、韓国を除外する発言をしている。(クレイ・ブレア『マッカーサー』)

そしてこれは、マッカーサーも同様の見解であった。

かくして昭和二十五年六月二十五日、北朝鮮軍は怒涛のごとく三十八度線を突破。猛烈な砲撃を加えてから、ソ連製戦車とソ連軍仕立てに訓練された歩兵が韓国になだれ込んだ。防衛陣地にいたのは韓国側師団の三分の一にすぎなかった。残りの兵力は後方にいたのだ。韓国軍は総崩れし、ライフルやカービンほかの全装備を捨てて敗走した。北朝鮮軍は完全に奇襲に成功したのである。

マッカーサーが東京でその知らせを受けたのは、それから六時間半もたってからだった。と、言っても、もともと朝鮮は、国務省がマッカーサーの担当区域と分離して直轄していた地域であり、彼自身は責任を負っていなかったのだ。この北朝鮮による攻撃に対する、彼がすべき措置としては「米国民の引揚げ」に限られており、その二千人以上の引揚げは、一人の死傷者もなく即座に飛行機で行なわれたのである。

マッカーサーはこの任務を終えれば、それ以上のことはしなくてもいいと、当初は考えていたようだが、トルーマン大統領は事態を重くみて、軍事介入までには至らないまでも、この事態への関与を命じることにした。このワシントンからの命令により、マッカーサーは朝鮮に飛んだ。この時の様子を、朝鮮情報に深く関係していたGHQ参謀部第二部長ウィロビーが『東京のマッカーサー』(昭和三十一年八月三十一日より『東京新聞』連載)に記している。

「水原飛行場に着いたマッカーサーは直ちに自動車に乗って、敵機の爆弾の中を前線に向かって進んだ。戦に敗れ、ちりぢりになった部隊が引き潮のように南へ南へと下っていった。マッカーサーはその間をぬって、ついに漢江の岸に到着した。京城はすでに敵手に落ちていた。マッカーサーはここでもまた大敗北の相続人であった。マッカーサーは道ばたの小高い丘に立ってあたりをながめた。悪臭と悲惨と荒廃に満ちた戦場、マッカーサーはそれらのものを見ながら二十分という短時間のうちに決死的な計画を作りあげつつあった。彼は日本に想いをはせた。日本を裸にしてその防備軍を朝鮮に移動させることができるだろうか。敵の日本占領を阻止するのに必要なだけの兵力を日本人の中から急ごしらえに編成できるだろうか。

兵力の移駐が本国政府から許可されたのは六月三十日であった。ディーン少将の指揮する第二七四師団の先遣部隊は七月一日朝鮮に空輸された。マッカーサーはありとあらゆる船、飛行機、汽車、自動車を徴発した。彼は電光のように速やかな処置をとった。これほどものすごいスピードで戦場に軍隊を動員した例は今までにない。しかし、最初戦場からやってくる報告はすべて悪いものだった。ソ連製中型戦車によって韓国歩兵部隊は片っぱしからくわれていった。ソ連製戦車を阻止できる米戦車はパーシングとシャーマン戦車だけだったが、この二種の戦車で日本にきていたのはわずかに九十二両、しかも全部が使用不能の状態にあった。第二十四師団がもっていた旧式なM24軽戦車の弾はソ連戦車に当たってもはねかえされた。口径二・三六インチのバズーカ砲も歯がたたなかった」

この時、すでに七十歳を超えていたマッカーサーが、自ら戦場に降り立ち、歩き回って目の当たりにしたのは、惨憺たるものであった。相当な衝撃が彼の脳裏に走ったに違いない。

ソ連の狙いは何か。日本である。日本を狙うがために釜山を占領する。ここが共産主義の手に落ちれば、日本にとって、また米国にとっても最大の脅威となるのだ。ソ連は終戦間際、北海道の分割占領を狙っていたものの、これに失敗。ならば朝鮮半島から、ということなのだ。いずれにせよ、あらゆる手を尽くし、米国の太平洋戦略最大の要塞である日本へ近づくことを狙ったのは、確かなのだ。

この現実を見たマッカーサーは増援部隊を求めるが、ワシントンはソ連の一連の動きを、欧州における西側勢力を弱めるための陽動作戦という見方もしていたため、反応は鈍く、とりあえずは日本駐留軍が、朝鮮戦線に投入されることになった。

しかし、この虚をついてソ連が日本奇襲に出ることも十分考えられた。そこで米国は、日本を共産主義に渡さぬため、日本の警備力の強化が緊急に必要であると認めるのである。と、言っても今、日本の再軍備は諸外国から厳しく反対されることは明白であるし、日本人自身からの反発も大きいことが予想され、この構想は非常に微妙な情勢下で進められることになった。

ちなみにこの時、吉田茂首相は、こうした米国側の思惑を伝えるために訪れていた大久保海上保安庁長官に対し、

「私は日本に軍隊をつくることはなるべく避けたい。当分、考えんでよろしい。軍隊には金がかかる。今、日本は経済が困っているときだから、金のかかることはアメリカにやってもらって、日本は経済の発展に専念したい。日本の経済が発展して金ができると自然に軍隊も養うことができる。日本の防衛をアメリカがやってくれていることはありがたいことだ。今にアメリカがびっくりするような

日本にしたい、と思っている」

と、言ったという。つまり、日本側にしても及び腰だったのだ。

そしてダレス国務長官顧問などの、米国外交首脳たちも日本の警備力強化は早急に必要としながらも、まずは「地上兵力を備えること」が取らるるべき措置、ということにしたのである。

これは、先にも述べたように、日本防衛を考えるにあたっての要件である、離れた地点からの防備、すなわち「空」「海」そして「陸」という視点が欠けた、極めて不満足なものであった。

米国側にもまだ、日本の防衛力の増強には難色を示す声も多い。しかし、ソ連の侵攻にも耐えてもらわねばならないというジレンマの中で、足して半分に割るような施策をとったのである。そしてGHQからは、国家防衛的発想は厳に慎むようにというお達しも出ていた。大久保は、こうした背景による国防の体勢について、

「空軍と海軍の強化、航空勢力と海上勢力の整備は日本に侵略された諸国に脅威と不安をあたえるという意味であと廻しにされた。この思想が今日に及んで、日本防衛の海空勢力の整備が立ち遅れをきたしている歴史的背景となっている。しかし、日本の原料の九割を海外から輸入しなければならない産業構造、戦略的環境からすれば、この海上輸送路の確保こそ、唯一無二の日本防衛であるということが、永い間遠慮深く回避されてきた」（『海鳴りの日々』）

と、述べているが、この本が執筆された昭和五十年代時点から、さらに約三十年たった現在もまだ

「遠慮深い回避」は続いているようである。

シーレーン防衛の重要性を訴えても、世間の多くの人はさっぱり理解できない。自衛隊が海外に出て行く、あるいは外洋に艦艇を浮かべていることが「諸外国を不安にさせるから」やめたほうがいいと言いながら、その海上輸送路を通ってきたエネルギーを使い、食生活はほとんど輸入に頼っているという「現実逃避型」のライフスタイルを謳歌しているのである。

海上輸送路の安全は、米海軍に頼るところが大だ。ところが、その米海軍へインド洋上で給油した油の行方が不透明だということが問題になり、国会が紛糾。挙句の果てに現法体制でわが国ができ得る、せめてもの海上活動であるインド洋の給油活動から一時撤収。「海洋国家」として、極めて非常識な振る舞いである。

日本の生命線、その輸送路を自分たちは守らなくていい、何かあったら米国に頼ればいいのだという甘えの蔓延。しかし、米国の要望にはカネ以外ではろくに応えようとしない。吉田首相の持論はまだ街にバラックが並んでいた時代のものなのだ。一人前の国家の体を成すようになった現在の日本が、その吉田の遺言をかたくなに守ろうとするのは、律儀というよりむしろ滑稽である。それに吉田も「金ができれば軍隊も養える」と、決して国防をおざなりにしていいと言ったわけではないのだ。

仁川、元山上陸作戦

さて、朝鮮戦争に話を戻す。三十八度線に火がついた直後、国連安保理は韓国を防衛するために必要な援助を与えるよう、加盟国に勧告し七月七日には米軍を中心とする「国連軍」を編成した。

これは、厳密に言えば「多国籍軍」であると言われるが、当時、国連は国連軍司令部の設置や国連旗の使用を許可しており、一般的には「国連軍」と呼ばれている。

参加国は二十二カ国に及んだ。米軍が四十八万人と言われ最も多く、次いで韓国が十万人弱、そしてイギリス、フランス、オランダ、ベルギー、カナダ、トルコ、エチオピア、フィリピン、コロンビア、タイ、ギリシャ、オーストラリア、ニュージーランド、南アフリカ、ルクセンブルクその他の国。これらに対し、北朝鮮の兵士、そして、その後八十万人弱の中国の兵士が投入され、実戦参加はないようだがソ連が武器の援助などで関与し、戦火を交えたのである。

ではその時、日本はといえば、戦争が終わって五年、やっとのことで立ち上がろうとしていた頃であり、まさに晴天の霹靂《へきれき》であった。北九州のように朝鮮半島に近い地域の人々は、再び戦火の中に突入したような不安な心持ちで過ごしていたのだ。

そんな中、マッカーサーはついにこの難局を打開するべく、仁川上陸作戦の敢行を決心する。これは、仁川に上陸し、敵の兵站拠点である京城を占領、陸上からも挟み撃ちにして補給を断つというものであった。しかし、仁川は干満の差が大きく、上陸できるのは満潮時の三時間だけという、いわばイチかバチかの挑戦であった。「クロマイト計画」と呼ばれたこの作戦は、ナポレオン時代の古めかしいものとして首脳部は難色を示した。

しかし、マッカーサーは賭けに出たのだ。

九月十二日の夜、佐世保から旗艦「マウント・マッキンレー」（揚陸指揮艦）に乗り込み、黄海で海兵隊を乗せた艦隊と合流、荒れ狂う海の中、仁川を目指した。上陸前夜、彼はさすがにほとんど寝られなかったようだが、午前七時、海兵隊が見事にこれを成功させる。そして、一週間後に京城を奪取したのである。これで周囲は手のひらを返したように彼を賞賛するようになり、トルーマンから「よくやった、みごとにやった」という祝電が届いたという。

一方、この仁川上陸作戦の成功により「戦況不利」とみたスターリンはソ連顧問団を撤収、あくまでも米ソの直接対決を避ける選択をする。しかし他方で、毛沢東の中共軍に参戦を促し、ここに中国共産党の大規模な兵力が投入されることになるのである。

ソ連は、その中国に武器援助をするという、間接的なかたちに姿を変えて米国と対峙することになった。そしてこの大規模な中共軍は国連軍を圧倒、戦況はたちまちに一転してしまったのである。この中共軍参戦によるダメージはまことに大きかった。

片や、仁川上陸作戦を成功させたマッカーサーは、ひき続き元山上陸に挑もうとしていた。これは北朝鮮への最初の進出となるものだ。同半島の最も細いくびれた地帯を東西から挟み撃ちにし、北朝鮮軍を袋のネズミにして殲滅《せんめつ》しようという作戦であった。

しかし、この上陸作戦に対しても米国陸海軍の間に意見の食い違いがあり、米海軍極東司令部参謀副長のアーレイ・バーク少将は「不必要」と明言していた。というのは、北朝鮮はその沿岸にソ連製の機雷を大量に敷設しており、上陸するためには確実な掃海が必要だったのだ。

この頃、日本に駐留していた米海軍の掃海部隊はカリフォルニアに引揚げてしまい大幅に縮小されていて、米海軍としては上陸作戦用や、それを支援する艦船が限られているという理由で元山上陸作戦に反対したのだ。その代わり米陸軍の陸上進撃によって、元山を攻略すべきとしていた。

しかし、結局マッカーサーの一存で、元山上陸作戦は十月二日に決行されることになったのである。作戦にむけての掃海作業は手間取っていた。作業にあたっていたのは、極東地域にあったわずか数隻の掃海艇と、経験のない者ばかりだったのである。上陸作戦は遅延するばかりだった。まして機雷敷設は元山だけではない。その他の港も掃海する必要があるのだ。これらを一刻も早く進め、元山上陸作戦を行なうためには、掃海の熟練した技能を持ち、かつすぐ稼動できる部隊がどうしても必要だったのだ。そしてそれは、日本の掃海部隊をおいて他になかったのである。

日本掃海部隊へ派遣要請

この頃、占領軍、わけても民生局の圧力により旧軍人が次々に追放されており、日本の航路啓開隊も千五百八名に削減され、兵力も掃海艇七十隻余りになっていた。しかし、これら旧軍人を確保することが急務となり、追放令適用の特例期間を延期することが密かに申請されていたのだ。

そんな中、元山上陸作戦に反対していたバーク少将も、マッカーサーの意向を受け、対応を考えるしかなかった。そしてとうとう彼は大久保海上保安庁長官を呼び、もはや日本掃海部隊の力を借りるしかないと要請するのである。大久保は、ことの重大さに、とても一人で決められることではないと答え、直ちに吉田首相を訪ねて経過を説明し指示を仰いだ。

折りしもダレス特使との講和条約締結に向けた交渉が進んでいた微妙な時期であった。講和条約の締結、すなわち日本の独立を一日千秋の思いで待ち侘びていたわが国にとって、派遣拒否はどう考えても得策ではなかったのだ。吉田は要請に応じる。

しかし、吉田の心境は、とても「はい、どうぞ」というわけではなかった。『バーク大将伝』によれば「大久保長官に掃海艇五十隻を北朝鮮海域に派遣するよう依頼したが、新憲法を盾に困難と回答、そこで吉田総理に『掃海艇がなければ国連軍が敗北するかもしれない。それは日本に不幸な結果をもたらす』と話し、吉田総理は否定的ではあるが肯定するという日本人独特の回答をした。しかし、それは半分の二十五隻であった」と記されている。

この員数の妙、今日の自衛隊の海外派遣でも首相の「英断」（？）により必要人数の半分くらいに減らされてしまうことがあるが、これで最も苦労するのは派遣された現場の人たちである。「相手の条件を全て呑まなかった」というパフォーマンス、悪しき伝統芸ともいえる数字のトリック（とも言えないレベルだが）は、受け継がれている……。

ちなみに朝鮮への掃海部隊派遣要請に対し、吉田は真っ先に「マッカーサー元帥は承認しているのか」と訊ねたという。バークは「だから私がここにいるのです」と答えたというが、どうやらそれは嘘だったようである。

しかし、この時の米国にとって最も必要だったのは「朝鮮沖の機雷の一刻も早い除去」である。そんな状況でも、上司のハンコがあるとかないとか言うのが日本人の特性だが、「手続きよりも速やかな原状回復を」という場合の判断は、むしろ「機転」というべきもので、私などは、この時のバークの反射神経を考えると、さすが「提督」と呼ばれるだけの人物だなあと感心してしまうのである。

バーク提督と日本人

さて、バーク提督といえば日本や海上自衛隊と関係が深いことで知られているが、実はそもそも大の日本嫌いであったという話が、阿川尚之の『海の友情』に詳しく記されている。

ロッキー山脈の麓の農園で生まれたバークは大学に行くお金もなく、授業料を払わなくていいアナポリスの海軍兵学校を受験し合格、学生時代は目立つ存在ではなかったというが、任官してすぐに乗り組んだ戦艦「アリゾナ」では五年もの間、凄まじいほどに良く働き、辛い任務を完璧にやり遂げた。

一通りの艦隊勤務を終え、一九二九年に再びアナポリスへ戻り、幹部教育を受けた後にミシガン大学で化学を学び修士号を取得。この頃からバークはすでに「いつか日本と戦うことになるだろう」とアジアの地図を部屋に貼っていたのだと言われている。

そしてその十年後、予想は的中した。開戦時はワシントンに勤務していたが、艦隊勤務を懇願し、一九四三年にやっと艦上の人となる。第二十三駆逐隊司令に任ぜられ司令駆逐艦「チャールズ・S・オースバーン」に着任。隷下の駆逐艦長たちに手渡した戦術書には次のように書いてあった。

「ジャップを殺すに役立つなら、重要なり

ジャップを殺すに役立たぬなら、重要でなし

常に貴艦の練成度を高め、戦闘に備えよ
常に補給を怠らず、戦闘に備えよ
常に戦闘準備状況を、上官に報告せよ」

「リトル・ビーバーズ」とあだ名されたこの駆逐隊を率いたバークは、ブーゲンビル島沖で、ついに日本の艦隊と戦うことになる。その容赦のない攻撃に、軽巡洋艦「川内」と駆逐艦「初風」が撃沈された。それに続いて数日後には、ブーゲンビル島の北ブカ島からラバウルへ向かう日本の駆逐隊を追い、魚雷を発射。駆逐艦「大波」、そして駆逐艦「巻波」を次々と撃沈。残った日本駆逐艦三隻も魚雷による反攻に出るが、バークは巧みな操艦によってこれを回避、駆逐艦「夕霧」は集中砲撃を浴び、とうとう海底に沈んでいったのである。

その、日本に容赦のない攻撃を浴びせたバークが日本にやって来た。朝鮮戦争勃発後の昭和二十五年九月のことであった。もちろん日本行きは、彼にとって決して気乗りのすることではない。まったく好きではない日本人と、できる限り接するのを避けようと考えていたらしい。

ところが、それを大きく覆すようなことが起こるのだ。

日本に到着すると、米軍人の宿舎となっていた帝国ホテルに入り、ここで初めて日本人とじかに接することになった。と、言ってもホテルでの生活はただ寝るだけの多忙さだったため、言葉を交わす機会などほとんどない日々であった。

ある日、あまりに部屋が殺風景なので、花を飾ってみようかと思い立ち、地下の花屋で花を買いコップに入れておいた。部屋に戻ってみると、花が花瓶に移されてきれいに飾られている。そして、その後も時々、新鮮な花が加えてあり、いつも美しく活けられているのだ。

数週間たち、バークはフロントに礼を述べるが、ホテル側はそんなことをしていないという。それは、部屋係のメードの行ないだったのである。バークは自伝でその時のことを振り返っている。

「受付の人が彼女に会わせてくれた。小柄な年配の婦人だった。ご主人が戦争で亡くなったという。一言も英語が話せなかった。私はまったく日本語が話せない。通訳を通して礼を言うしかなかった」

(『海の友情』)

バークはホテルを通じていくらか金を包もうとしたが、受け取ってもらえなかった。日本では親切に対し、金を払うのは失礼なことで、金ではなく感謝の念を表すしかないと言われてしまうのだ。思案の末、些《いささ》かの金額を婦人の退職手当用に、匿名で寄付するということにしたのだという。

戦争で夫を亡くし、ごくわずかな給料しかない、自分は食うや食わずなのに、知らない外国人のために部屋を居心地良くしてくれた婦人。その真心に触れ、バークは自分の日本人嫌いが正当なものなのかどうか、考えるようになった。

また、こんなこともあった。

朝鮮戦争が、中共軍の参戦により泥沼化し、国連軍の退却やむなしとなった時、バークは視察のため一週間ほど朝鮮半島を訪れることになる。前線は寒くて不潔、ぬかるみが続き、風呂もなく、ひげも剃れず、ほとんど睡眠もとれなかった。

疲れきった体を引きずって東京に戻り、チェックインすると、こんどは以前と違う階の部屋になった。部屋に入って外套を放り投げ、風呂に入る支度をしていると、以前、泊まっていた階を担当していた男性従業員が部屋を訪ねて来たではないか、何事かと訝しがると、「皆が寂しがっている」というのだ。バークは驚いた。

「この従業員は元の部屋こそが私の帰るべき家だと思っているらしい。そういうことならばと、フロントといささかの交渉を二人で一緒にして、私は元の部屋を取りかえすことができた。上がっていくと、その階で働く者全員が部屋の前に集まり、暖かい茶の入った急須を用意して帰宅を歓迎してくれたではないか。疲れきっていた私は、不覚にも涙が出そうになった」(『海の友情』)

とにかく、こうした一つ一つの出来事が、彼の日本に対する見方、考え方を変えていったのだ。あれほど日本を嫌悪していた一人の軍人の心を変えたことは、戦後史に大きく影響したと言っても良いのではないか。そしてその功労者は、多くの名も無き市井の人々だったのだ。

日本は「対日飢餓作戦」に敗れたのか？

日本は米国による「対日飢餓作戦」で、窒息寸前まで追い込まれた。それは紛れもない事実である。しかし、「ボロは着てても心は錦」というほど特別に意識はしないまでも、ごく普通の感覚として、たとえ食うには困っていても、心は飢えていない人々が、この時代まだたくさん残っていたのである。終戦から数日しか経っていない焼け野原の街で、いつの間にか所々、ささやかながら花が飾られているのを見た占領軍の誰かが、日本人の心の美しさにひどく驚いたと聞いたことがある。また、飢えている少年にパンを分けてあげたら、その場では食べず、家で待っている妹と一緒に食べるため、持って帰るのだと言い、米兵の心を打ったという話も耳にした。

確かに「対日飢餓作戦」は成功した。

しかし、焦土の中に、密かに「花」は残っていた。

米国はそれを見てどう思ったのだろうか。文字通り「占領」のために日本に降り立った米国人であったが、そこに厳然として在った日本人の「魂」に触れた時、どんな感じがしたのだろう。

私はことさらに日本だけを美化するつもりはないし、全ての日本人がそうだとは言わない。どの国家、国民にも光と影がある。しかし、少なくともこの当時、敵国だった国民に感動を与えた日本人がいて、その日本人に対し、ある種の「畏れ」と「感動」を感じていた米国人がいたことは確かである。「自分が死んでも戦争には勝てまい」と思いながらも、ただ国の将来のため、笑って出撃する特攻隊の若者たちを目の当たりにした彼ら。それは、まったく理解しがたい自己犠牲の行為と捉えていたかもしれないが、その彼らが守ろうとした心優しい国民とじかに対面したことで、それまで腑に落ちなかった「何か」を確認したのではないか。

戦後から現在に至るまで、世界の激動地図において日本という小さな島国が在り続け、また存在感を持っているのは、こうした人たちが残してくれた魂の遺産に依っているところは多大だ。経済の発展、技術の優越という理由もあろうが、それも今や崩れつつあることも直視すべき現実であろう。

そして、今、あの「花」は、どこへ行ってしまったのだろうか——。

「対日飢餓作戦」の事実を改めて多くの人に知ってもらおうとしたのは、米国を批判するための試みではない。「戦争という歴史に学ぶこと」とは、いたずらに敵の行為を責めたり、あるいは自国の行ないや当時の指導者を蔑《さげす》んだりすることだけなのだろうか。私は疑問に思う。

むしろ、当事者がどのようにそれを乗り切り、また、どんな課題を残したのかが重要であり、そして、困難の時に現れる「人の心」にこそ、見るべきものがあるのではないか。

終戦から五年後に勃発した朝鮮戦争、これは日本にとって大きな転機となった。占領下から早く脱し、独立を目指していたわが国にとって追い風となったのだ。

しかし、それはただ漫然と手にしたものではない。そこにもまた「掃海部隊」の活躍が欠かすことができないのである。

7 指揮官の長い夜

「指揮官、電報です！」

午前二時半過ぎ、耳元の電信員の声で飛び起きる。深夜十二時に業務を終え眠りについたばかり、その寝入りばなに叩き起こされた田尻正司は、内心腹立たしい思いでベッドのランプをつけた。

「一体、何なのだ」

見れば、海上保安庁航路啓開本部長から、第六管区航路啓開部長と呉磁気啓開隊指揮官であった田尻あてに、

「呉磁気啓開隊は現在の掃海作業を中止し、麾下の掃海艇十隻を直ちに下関に回航させせよ」

との命令である。寝ているはずの頭が思考をフル回転させていく、

「一体、何のために……」

急速に意識が現実に引き戻されていった。時折りしも朝鮮戦争真っ只中であり、米国が苦戦を強いられていることは知っていた。もしや……。

また戦地に赴くことになるのだろうか。しかし、もしそうだとしても、兵学校の教育が体中に染み込んでいた田尻にとって、動揺はなかった。

「おそらく、米軍に対する協力に違いない、きっとそうだ」

そう自分を納得させると、すぐに現実的な事々がさまざまに脳裏を駆け巡った。

「下関までの燃料、真水、生糧品は?」

考えながら、先の電報を各艇に打電。同時に、

「準備でき次第、下関に向け出港する。直ちに出港準備をなせ。〇四〇〇出港の予定!」

との、命令を下すと同時に、各艇からの報告を待つため、艦橋に上がった。目前には、胸の内の騒ぎとは対照的な夜のしじまに、波音だけが響いていた。

田尻は昭和十六年十二月一日、海軍兵学校に七十三期生徒として入校した。その一週間後に開戦となる。新生活の喜びや感激は、ほんのつかの間。全ては実戦即応の教育へと変わった。何より怖い一号(最上級)生徒は、一年後に卒業して行き、七十二期生徒は二カ月短縮されて卒業。いつの間にか自分たちが一号生徒になっていた。しかし、その憧れの一号生徒生活は六カ月も短縮され、昭和十九年三月には海軍兵学校を卒業することになった。

卒業から終戦までのわずか一年六カ月の間に、艦隊勤務に就いた同期生、四百名のうち百七十四名が艦と運命を共にした。同じ兵学校の、苦労も喜びも分かち合った仲間との永遠の別離は、本当にあっという間であった。田尻も、戦死した同期生たちも、「同じ艦隊勤務の一人として、同じように転勤し、同じように作戦に従事し、お互いに武運長久を祈りながら、紙一重のところで生死が分かれた」と、田尻は言う。自身の生き運の強さを感じずにはいられなかった。

田尻は卒業後すぐに、候補生として戦艦「金剛」乗組みを命じられるが、「金剛」を含む第一機動艦隊の大半は南方の前線にあったため、四月下旬に呉を出撃予定だった「大和」に便乗することになる。便乗とはいえ、ちゃんと配置を与えられ、当直制で見張り指揮官付として勤務することになる。兵学校を出たばかりの候補生が、思いがけず戦艦「大和」に乗り組んだという、なかなか得難い経験であった。

海軍兵学校時代の田尻正司氏

全艦冷暖房完備、乗員用の居住区は広くて明るい。寝床はハンモックではなく、取り外しできる金属製枠のベッド。艦橋に行くためのエレベーターもあったという。ただし、これは限られた者のみが使用できた。艦内は迷路のごとき複雑さだったようだ。その日その日のできごとが、ほとんど欠かさず書かれた田尻の日記には、次のようにある。

「いったんその部屋から出ると、自分の部屋に帰るのに一苦労、乗員に聞くのも恥ずかしかったが、聞いても正しく教えてくれるものも少ない。上甲板に出ようとしても出口を間違えると、艦橋回りの構造物の中に入り込んだり、艦内にいてもどちらが右か左か、前か後かまったくわからなくなることはしばしばであった。

当初のうちは、指定された場所に行くにも決まった出口と入口を経て、めんどうでも遠回りしてでも、迷わないようにすることが第一で、急がば回れとはよくいったものだと、幾度か経験した」

そんな嬉し恥ずかしい「大和」での便乗生活を終え、いよいよ「金剛」に乗艦することになる。「金剛」では「あ号作戦」に従事したが、四カ月経った頃、少尉任官と同時に横須賀鎮守府へ転属となってしまう。せっかくの艦隊勤務、後ろ髪引かれる思いで「金剛」を後にし、横須賀に向かった。

「金剛」はその後、昭和十九年十一月二十一日、台湾沖で沈没する。田尻が転属する際、艦長以下総員が見送ってくれた、それが「金剛」との永遠の別れとなった。

そして今度は内地まで、練習巡洋艦「香椎」にしばし便乗することになる。そしてこの艦もまた、田尻の退艦後三カ月の昭和二十年一月十二日、仏印で沈没。

「香椎」に残り運命を分けた同期生と、退艦の時交わした「オ互イニ元気デ」という言葉が、田尻の日記に残っている。

横須賀では、連日、同期生の訃報に触れる日々であった。自分は何もできないという辛さがあった。とにかく一刻も早く内地での教官勤務を終え、艦隊勤務をしたい！　そう熱望して止まなかった。

そして、とうとう希望が叶い、駆逐艦「響」へ転属することになったのだ。

こんどは慣れない駆逐艦勤務であった。一人で何役もこなすという激務であった。そんな中、中尉に進級する。候補生六カ月、少尉六カ月というスピード出世。しかし、クラスメイトたちが、候補生や少尉で次々に戦死していったことを思うと、いたたまれない感があった。

その「響」は、終戦間際「海上特別攻撃隊」命令を受けることになる。これは、戦艦大和などの沖縄戦における特攻として知られる「天一号作戦」であった。「天一号作戦」は東シナ海海域の連合軍に対する、陸軍・海軍の航空機や艦艇の総力戦で、沖縄方面の米軍に対する航空攻撃戦「菊水作戦」と時期を同じくする作戦である。

贅沢なほどの酒保物品と酒が積まれた艦隊は、昭和二十年三月末、呉を出撃。呉港に泊まっていた艦船乗組員たちの心からの見送りを受け、夕闇迫らんとする呉を後にした。

翌日「響」が佐波島沖錨地への入港針路に入った、その時であった。

「ドスーン！　と、もの凄い、下から突き上げる衝撃を感じ、思わずコンパスを握り締めた。まったく予想もしていない大衝撃に、皆一様に腰を抜かし、艦橋でも物につかまっていなかった者は皆尻もちをついた」

日誌から、衝撃の大きさがわかる。そして、これが田尻と「機雷」との「付き合い」の始まりだったのである。

「衝撃を受けた瞬間、その原因はまったく想像がつかなかったが、しばらくしてから触雷だな、との判断はついた。B29がこんな海域にも機雷を投下していたなどとは、つゆ知らずの出来事である」

幸い沈没は免れたが、航行はまったく不能。足の踏み場もないほどいろいろなものが散乱した艦内を、とにかく片付けなければならなかった。やっとのことで各部の応急処置をして、駆逐艦「朝霜」に吉浦沖まで曳航されることになった。夜の瀬戸内海、艦内は複雑な思いに包まれ声もなかった。ただ、皆、舷側を叩くさざ波の音だけを聞きながら、明け方、吉浦沖に到着した。

労苦をかけた「朝霜」との別れの時となった。互いに武運長久を祈りつつ、春まだ浅く肌寒さを感じる麗女島沖で、双方、姿が見えなくなるまで帽子を振って見送った。

そしてこれも、再会を期すことのできない戦友との別離となった。

四月七日、「天一号作戦」参加の十隻は、三田尻沖を出撃した。「響」では、海上特攻の情報が入るたびに皆、真剣に耳を傾けた。誰一人として何も語ろうとせず、無言のまま、「一緒に行動していたら」という思いをよぎらせていた。

「大和」以下十隻は、沖縄に突入する前に九州南西海域で敵機と遭遇し、死力を尽くして戦ったがほぼ全滅。

九日には、海上特攻生き残りの駆逐艦「雪風」「初霜」「涼月」「冬月」の四隻が満身創痍で佐世保に入港したとの報せを受けた。しかし「朝霜」の名前はなかった。

「朝霜」は七日昼過ぎ、分離行動中「敵機と交戦中」との電報を最後に消息不明となり、三百二十六名の乗員全員が壮烈な戦死を遂げていたのだ。

田尻の場合、死を覚悟したうえで、希望して乗り組んだ「響」が、海上特攻の命令を受けながら、思いがけず触雷したことで呉へ引き返すこととなり、それが結果的に命拾いになった。そしてこの時、命を救うことになったのは、奇しくも「機雷」であった。

そして終戦。田尻は、そのまま「響」で復員輸送に従事することとなる。そして終戦の翌年、ラバウルから戻る途中に、また触雷。しかし、被害は前回ほどではなかった。

この時から、「どうも機雷にとりつかれている。どうも機雷との縁は切れそうにないな」と感じ始めたという。

予想通り、機雷との縁はより深まっていった。復員輸送を終えると、今度は瀬戸内海の機雷の掃海業務に従事することになったのだ。とはいえ、掃海の経験は皆無である。しばらくは、掃海隊指揮官付として研修し、二十五年六月三十日に掃海隊副指揮官に就任、神戸を基地として大阪湾の掃海に日夜専念することになった。ちょうど朝鮮戦争が勃発した直後のことであった。

日本国内でも、マッカーサーの指令により、警察予備隊の創設と海上保安庁の増員が進められていた頃で、田尻は「職業がら、なんとなく予感がし始めていた」という。

その時、東京湾と佐世保港は「日施掃海」と言って、重点的に、毎日の掃海が始まっていた。各航路啓開部から交代で、このどちらかに掃海艇が派遣されることになり、掃海作業に従事している者は、公職追放が延期となった。この二つの海域は出入りが激しく、朝鮮戦争後、敵の隠密裏の機雷敷設の可能性が考えられたため、決して引き抜かないようにとの米軍側からの意向であった。朝鮮半島で燃え上がった戦火が、日本に飛び火することは避けられない情勢だったのだ。

極秘作戦決行！

そんな折の十月二日、真夜中に運命の命令が下されたのである。

「直ちに出港準備をなせ！」

終戦から五年後の、これは緊急事態である。田尻の脳裏にさまざまなことが駆け巡った。

「下関までの燃料は大丈夫、真水と生糧品はあと二日間は十分あるはず？　しかし、神戸を出港するとき、数日後に帰るつもりであった。神戸に忘れ物は？　家族や友人、とりわけ彼女への約束等が？……」

船乗り稼業の宿命をしみじみと感じながら、暗い艦橋で物思いに耽る。各艇からの連絡を待つが、まだ波音以外、音はない。

すると、下令から一時間が経った頃、最初の掃海艇から連絡が届いた。

「出港準備完了！」

そして次々に、準備が整った旨が打電されてきたのだ。

「さすが！　毎日作業している部隊だけある！　名実ともに有事即応であった。先輩の残された海軍の伝統は継承できている」

田尻は、心ひそかに喜びを感じた。

かくして、田尻の乗っているMS62「ゆうちどり」を先頭として出港となった。未明の瀬戸内海を一路下関へと急ぐ。日記には、時刻は「〇三五五」とある。さすが、海軍精神であった。下関まで、各艇は全速力で走った。戦後五年間、自分の庭のように作業してきた瀬戸内海である。最短コースを選んで、数多い難所も難なく通過した。

四日の夕方、駆特四隻が先に到着。「ゆうちどり」が五日早朝、下関港唐戸岸壁に横付けされると、下関航路啓開部の関係者が直ちに来艦し、「修理箇所はないか」「必要なものは何か」など、至れり尽くせりの対応で、「見事なロジスティックス支援」だったと田尻は言う。

しかし、それは同時に、事の重大さも証明していた。続々と他の掃海艇も集まってきた。下関の吉見からMS22、舞鶴からMS11と20、大湊からMS03と17が入港。呉からMS14、さらに門司海上保安部の巡視船PS02、03、04、08が、そして六日には、掃海母船一隻、掃海艇十隻、巡視船四隻が集結。岸壁は一種異様な緊張感と雰囲気が漂っていた。不穏な動きを察知してか、新聞社や雑誌記者などの来訪もあったが、全て断り、全乗組員は軽率な言動を慎むよう厳命された。(PSは小型巡視船)

しかし、一体どこに行くというのか、その答えを最も知りたかったのは記者だけではない、そこにいた全ての乗組員であった。

やがて、田村久三航路啓開本部長が「ゆうちどり」にやって来た。「ご苦労様」と一言。その本部長の第一声には、明らかにいつもと違う「何か」があったと、田尻は記している。

唐戸岸壁に集結している全船艇の指揮官および艇長も「ゆうちどり」士官室に集められ、狭い船内は大わらわになった。

やがて、田村本部長からの説明が始まった。しかし、ここでなされた説明は彼らにとって、とても満足できるものではなかった。それは次のようなものであった。

「十月二日、バーク少将から日本の掃海艇を朝鮮水域において使用したいと海上保安庁長官に申し出があり、日本政府はこの申し入れを受諾するとの回答をした」

そしてその後、C・T・ジョイ中将から日本政府に、行き先は朝鮮水域で、とりあえず掃海艇二十隻、母船一隻、巡視船四隻を門司に集結させよ。その後の行動は追って発表するという指令が出されたという。

要するに詳しいことは何一つわからないのだ。とりあえず、米軍からの命令で、朝鮮へ赴くらしいことだけはわかった。しかし、自分たちはこれから朝鮮水域の具体的にどこに行き、何をするのかがはっきりわからない。そして、行くからには、どうしても確認しなければならなかったのは「それは結局何のためなのか」ということ、つまり「大義」であった。それは指揮官として、当然知っておくべきことなのである。

しかし、この時、彼らは「指揮官」ではあったが、もはや帝国海軍軍人ではない。「海軍軍人の常識」など、もう日本にはないのだ。指揮官として当然の扱いを、と言ったところで虚しいこと。まして、ここは占領下の日本であった。掃海業務に従事していたために、公職追放という憂き目からは逃れたが、「軍人」であることを許されたわけではない。それなのに、自分たちは、今まさに戦闘が行なわれている地に向かうことを「命令」されている。そしてそこにあるのは「祖国のため」あるいは「愛する人のため」といったものではなく、ただ「占領軍による命令」なのであった。

終戦から五年、彼らが航路啓開の業務に就き、無数の機雷を相手に危険な海に出て行ったのは、給料の良さだけなどではない。その心の内には「国家再建のため」という至上命題があったのである。掃海は汚れ仕事だったが、それはひもじさ、貧しさに苦しむ国民を救うために誰かがしなければならず、その「誰か」を買って出ることに少しも疑問はなかった。

海軍軍人として一度は捨てた命、国家のため、国民のために尽くすことは厭《いと》わない。しかし、そんな彼らにとって朝鮮水域への出動は、まったく次元の異なるものであった。

「本部長！」

誰一人、口を開かない重い空気を破ったのは田尻であった。

「今回の本当の任務は？　行き先は？　行動についての大義名分は？　命令権者は誰で、米軍の指揮下に入った場合の我々の身分は？　そして万が一のことが起きた時の補償や手当ては？」

頭に浮かんだ疑問を次々に投げかけた。一瞬、全員の視線が田村本部長に向けられた。士官室に緊張が走り、ピンと張り詰めた空気が漂った。しかし、本部長の口から出る答えはいずれも歯切れが悪い。室内にはざわめきが起こっていた。「いずれ米軍から指示される」と言ったようであった。

しかし、その思いを一番痛切に感じていたのは、他ならぬ田村自身であった。「何ひとつ、まだ決まっていないのだ」とは言えまい。堂々巡りの議論がすでに三時間近く続くことになった。このままでは、結論は見出せない。そこで、各艇長から、

「少なくとも乗員に説明し、納得が得られるものを示して欲しい」

との要望を受け、とりあえずいくつかの事項がこの場で定められることになった。

（1）占領軍一般命令第一号および占領軍指令第二号にもとづく航路啓開業務の延長と考え、米軍お

よび日本軍が敷設した機雷の処分とする。
（2）北緯三十八度線以南の海域で、戦闘の行なわれていない港湾の掃海とする。
（3）作業は掃海艇の安全を充分考慮した方法をもって実施する。
（4）乗員の身分、給与、補償などは日本政府が充分保障する。
しかし、こうしたものはあくまでも内々の決め事であり、実際に米軍に対し、彼らが安全優先を主張できるという保障などどこにもなかった。この時、田村が声をひそめてぽつりと漏らした一言を聞いた者がいる。

「今まで随分苦労してきたが、あと一年くらい辛抱すれば海軍再建が具体化するはずである。われわれは何とかこの掃海隊を再建海軍の引継ぎ役にしたい」

田村久三は、海軍兵学校四十六期、元海軍大佐であった。海軍再建へ一縷《いちる》の望みを、この掃海部隊の活動に託していたのだろうか。しかし、終戦から五年という月日が過ぎ、その間、人々の心はいろいろに移ろい、海軍出身者とはいっても、その気持ちはすでに一つとは言えなかった。

佐世保の掃海部隊からは、

「戦争に巻き込まれる可能性が多分にある。危険性も高い。このような状況で、部下を連れて行くことはとてもできない」

と、ある指揮官が言い出した。これをきっかけに、同じように考える指揮官が他にも出て、その乗組員たちが次々に荷物をまとめ各艇を降りて行き、岸壁には荷物がいっぱいになってしまったのだ。

交錯するさまざまな思い

そんな中、神戸の第五管区海上保安本部航路啓開部長であった能勢省吾（海軍兵学校五十五期・元海軍中佐）は、息巻く彼らに向かい、

「いざという時には、君たちだけを見殺しにはしない。そういう時には俺が皆を連れて帰るから、安心してついてこい」

と呼びかけ説得したと、自ら手記に残している。能勢としては、理由や理屈よりも、部下として田村本部長からの命令に従うということは、当然のこととして受け止めていたのだ。

手記によると、能勢は、二十五年の十月二日に東京の田村から電話を受ける。「朝鮮海峡の浮流機雷の掃海をやることになったから、君も指揮官として行ってくれないか」という内容だった。

「ご命令とあらば行きましょう」

先輩からの打診に即応したと言う。

その頃、能勢指揮下の掃海艇三隻が大阪湾の掃海をしていた最中であったが、直ちに掃海を中止して帰投し、準備ができ次第、下関に急航するように命令、自身もすぐに出発準備にかかり、翌日の特

急で一人、大阪駅を出ることになった。駅にはたくさんの航路啓開部の職員が集まっていた。

「あの時の感激は今でも忘れられない。万歳の声に送られて、あたかも出征にも似た出発風景であった」

と、その時の様子を振り返っている。梅干飴を女子職員が贈ってくれたのが、なぜかむしょうに嬉しかった。これからどうなるのか、いつ戻れるのかわからない今回の航海、何もかもが不安に包まれていた中で、唯一、ほっとした時だった。その梅干飴だけを携えて能勢は下関へ旅立った。

下関に着き、早速、開かれた「ゆうちどり」での指揮官会議であった。能勢は、田村に反発して興奮する艇長たちを諫《いさ》め、説得に努める。田村の「三十八度線は越えない」という約束を信じるしかないのだ。

一方、この会議の後、呉航路啓開部の田尻は同部所属の艇長を集めていた。

「もし下船したい者があれば申し出るように」

各艇長には、乗員全員に通知するよう指示した。これに対し、こちらは、ほとんどの乗組員が今回の出動に了解したが、翌日、二名の者が下船を申し出てきた。いずれも「家庭の事情」ということであり、これを受理し、出港前に陸上に配置換えの処置をとった。

「本当にこれだけなのだろうか」

言い出せない者、あるいは艇長に申し出た段階で、つき返された者があるのではないか。そんな思いが頭から離れなかった。実際、一度、下船した先の佐世保の乗組員たちは翻意を促され艇に戻っていた。

迷う者、決心を固めた者、さまざまな思いが交錯する中にも出港の時間は刻々と迫っていた。各掃海艇では慌ただしく準備が進み、機雷処分用の小銃二挺、機銃二挺と弾薬百発が積み込まれ、さらに標準搭載用具としての五式磁気掃海具、対艦式係維掃海具および小掃海具各一式に欠損などがないかチェックが行なわれた。燃料、真水は満載にされ、必要な物資も小さな艇内に許す限り積み込まれ、あとは命令を待つばかりとなった。

いよいよ出港という時、米海軍司令官C・T・ジョイ中将から日本政府に対し、連合軍最高司令官の、日本掃海艇の使用に関する指令が出された。内容は、

「集結した日本掃海艇二十隻、掃海母船一隻、巡視船四隻を朝鮮水域で使用すること」

「これらの船舶は、船名および隊番号などを示すマークは全て消去し、日の丸の代わりに国際信号E旗を掲げること」

「同水域でのロジスティックス支援は米海軍が担当すること」

「同任務に従事する者には二倍の給与を支給すること」

といったものであった。このGHQ指令を受け、日本政府は運輸大臣より海上保安庁長官に対し特別掃海隊の朝鮮水域派遣を下令。総指揮官を命ぜられた田村本部長から部隊編成が告げられ、日本掃

海部隊は米第七艦隊司令官指揮下の、第三掃海部隊の六番隊に編入された。

しかし、出港を数時間後に控えたその時、田尻がここ数日、気を揉んでいたことが起こった。一人の機関長が下船を申し出てきたのだ。妻と子、そして弟も一緒であった。こんな直前に、申し出てくるところをみるとよほどのことなのだろう。田尻は即座に下船させてやりたいと思ったが、しかし相手は機関長、幹部である。この時間になって、今から機関長の交代は不可能だ。

懇願する目で、じっと自分を見つめる家族を思えば何とかしてやりたい、また前日に「下船したい者は申し出るように」と言った手前、目の前の切実な申し出を受け容れるのが当然であることもわかっていた。

しかし、この期に及んで幹部が下船することを認めれば、どんな影響が出るだろうか。これは部隊の士気に大きく関わることだ。田尻はとにかくこの機関長を説得するしかなかった。そして一時間にわたるやり取りの末、とうとう機関長は下船を諦めると言ってくれたのだ。

「もし、万が一のことがあったら、家族に何とお詫びしよう」

苦悩の説得だった。

二十七歳、独身だった田尻は、帰っていく機関長とその家族の後姿を見送りながらいろいろなことを思った。「自分は判断を誤ったのではないか」そう自問自答を繰り返していた。

掃海部隊指揮官の仕事とは……

そもそも田尻は、思いがけない展開で指揮官になった。二十五年に呉掃海部に移り、指揮官付として「ゆうちどり」に乗船。船長の転出により、臨時に船長職代理になり、その後、航路啓開隊の副指揮官として姫野修指揮官の下につく。しかし、姫野が体を壊したことにより、指揮官代理となったのである。

姫野は海軍兵学校六十九期、戦後間もなく大湊の機雷長に着任し、その後、室蘭、八戸沖の掃海に従事、そして大湊復員局長となる。大湊と言っても、掃海の現場は九州であった。家族のいる大湊から遠く離れた九州や中国地方などの地で掃海に励むことになった隊員を励まし率いてきた。

その姫野の手記には、戦後掃海の流れが淡々と綴られているが、その中にはあまり知られていない「指揮官の仕事」もあったらしいことがわかる。こんな記述がある。

「週末、玉野に回航し補給休養で寛いでいると、地元の野崎組の若い者と乗員との間で酒の上の傷害事件があり、相手方の組頭が出て来たり騒々しくなりました。翌朝花束を持って野崎組の門をくぐると組頭が出てきて奥へ招じられ、熊の毛皮の座布団に親分と初対面の挨拶を交わしお見舞いを述べ、掃海業務の特殊性について駄目を押し玉露一服ご馳走になって辞去しました。玉野ではその後も乗員が刺されて重傷を負う事件があり、仲裁に立った大親分の処で古式に則り手打ち式を行なったことがあります」

気性の荒い「掃海ゴロ」たちを取りまとめる、港々で引き起こす騒動の後始末をする。これも指揮官の仕事であったようだ。任侠世界のしきたりを兵学校で教わるわけはないだろうと思うが、彼ら指揮官は一体どうやって解決してきたのだろう。

そこにはどうしても、その「人となり」が関わってくる。掃海艇は十数人の乗組員しかいない小さな所帯であり、とりわけチームワークを必要とする職場である。部下の気持ち、体調、家族のこと、さまざまに思いを致すことは指揮官として欠かせないことなのだ。それが、今、自分には務まっているのか。田尻は思い巡らせた。しかし、もう後には引けない。今は機関長が無事に帰還し、家族と再会することを、ただ祈るしかなかった。

こうして、「特別掃海隊」と名付けられた彼らは、「何のために」という明確な大義が語られないまま、海外に派遣されることになった。しかし、その「何のために」を確認することは、さらなる不安を呼ぶことにもなりかねなかった。「海軍の再建につなげたい」という田村本部長の呟きが聞こえたとか、言外に察したという者もいれば、まったく耳に入らなかった者もいる。

彼らの中には、

「朝鮮戦争に参加させられるのではないか、だとしたら憲法違反ではないか?」

と、強く疑念を抱く者もあり、また、

「外国の掃海をするために戦争に行くというのは納得致しかねる。しかし、占領軍の命令とあらば、日本政府としてはこれに従わざるを得ないのではないか」

といった、占領下の日本の宿命と捉える者もあった。とにかく日本の小さな掃海艇の一団は、終戦五年目の大波に揺れに揺れていたのである。

「部外者への口外は一切してはならない」

米軍から渡された指令書には、そうも記されていた。しかし、そんなことを乗組員たちの家族は納得しなかった。朝鮮へ出動すると知った家族には遠くから下関に駆けつけてきた人々もあり、岸壁に横付けしている船から夫を探し出して、

「アンタ、船を下りて！　朝鮮には行かないで頂戴！　掃海隊を辞めてうちに帰ってください！」

と、涙ながらに訴える妻もいる。また、夫の胸にすがりついて
「日本の戦争は終わったのに、今さら外国の戦争に参加するなんて……」

と必死に引き止める者、

「どうしても行くのなら、この子を海に捨てて私も死にます！」

と泣き叫ぶ夫人を、隊員たちが説得する場面もあった。

しかし、悲痛な叫びも所詮、虚しく、とうとう出港の時は来た。

各艇は次々にゆっくりと港を離れた。岸壁に集まった人々の声も姿も、だんだんと小さくなっていく。どんなに騒いでも、しまいには小さな米粒くらいにしか見えなくなる。

虚しい。ひどく寂しい。田尻は、あの戦艦「大和」で呉を出港した時のことを思い出した。在泊の全ての艦艇、海軍工廠の人々、家族や友人、とにかく人という人が港の近くの丘に集まって、心からの見送りを受けた。あの熱狂、歓喜が幻想のようである。

もう何もかもが信じられない。これから何が起こるのかもわからない。わかっているのは、これから軍艦旗も日章旗もない船で「戦場」に行こうとしていること、それだけが、目の前にあるたった一つの現実であった。

8　特別掃海隊出動！

十月七日、山上亀三雄指揮官が率いる第一掃海隊（ＭＳ20、ＭＳ02、04、07、ＰＳ03）五隻、百十六名が下関を出港した後の十月八日早朝、総指揮官艇「ゆうちどり」を先頭とした第二掃海隊（ＭＳ03、06、14、17、ＰＳ02、04、08）がいよいよ朝鮮へと向かい出港した。

遠くの陸岸にちらほらと民家が見える。まだ眠りについているのか、人の動きはない。これが、日本の風景の見納めになってしまうのであろうか……。関門海峡に行き交う船はほとんどなかった。

玄界灘の波はめっぽう荒い。第二掃海隊の船は、どれも老朽化した小さな木造船である。木の葉のようにグラリグラリと前後左右に揺れ、この船団が海峡を横断するだけでも大仕事であった。

夜になっても、作戦行動ということで灯火は一切出せない、暗夜の無灯航行であった。ブリッジは話し声もなく静まりかえっている。どれくらい闇夜を進んだのだろうか、このまま延々と航海を続けるのかと部隊は不安に包まれていた。

やがて、遥か彼方に駆逐艦が数隻現れた。誰かが小声で「米軍の駆逐艦が現れたぞ」と言っている。それらの駆逐艦は掃海部隊の左右両側に護衛するがごとく、監視するがごとく付き添っている。

「一体、どこへ行くのか」

田村総指揮官からは何の説明もない。誰も話をする者もなく、皆、黙然として、ただ総指揮官艇「ゆうちどり」の後を航行するだけであった。

夜が明けた。すると、航海曳船から「ゆうちどり」に何か投げ渡されたようである。しかし、依然として部隊は、黙々と前進するのみであった。第二掃海隊指揮官でＭＳ03号に乗っていた能勢省吾はその手記に、当時の様子を記している。

「四周は海ばかりで何も見えない。朝鮮の山も見えない。各艇離ればなれにならないように前続艇の跡をしっかりとついて、ひたすら北へ北へと航行している。どうも我々は朝鮮半島の東岸を北上しつつあるようである。どこまで行くのであろうか」（手記『朝鮮戦争に出動した日本特別掃海隊』）

再び日が暮れる。すると、ブリッジで誰かが、

「おい、北緯三十八度線をとうとう突破したぞ。これは大変なことになるぞ！」

と、声をあげた。と、言ってもどうすることもできない。不安は高まっていった。

一方、「ゆうちどり」では、米艦から投げ渡された書類が翻訳されていた。そこには「目的地は元

山」であること、「灯火・音響管制」や「隊内においても、日本に向けても無線は封止」、最後は「本艦に続行せよ」とある。早い話が「黙ってついて来い」ということであろうか。

そして、吉田首相からの電報も届いた。それは次のような内容であった。

「わが国の平和と独立のため、日本政府として、国連軍の朝鮮水域における掃海作業に協力する」

これは、今回の出動によって「占領からの脱却」を図ろうという意図が示唆されているようでもある。そして、

「特別掃海隊の隊員は、内地出港時から帰投までの間、一時米軍に雇用されたものとみなす。ただし、勤務記録上は、公務員として継続勤務したものとして処理する」

まさに戦闘をしている米軍に「雇用」されるが、立場は「公務員」であるというものであった。

「特別掃海隊員には、基本給の外に、航海手当、危険手当、掃海手当及び被攻撃手当を支給する」

最後の「手当」に関しては、「危険手当」が北緯三十六度以南の場合は、本俸・扶養手当・勤務手当・掃海手当の合計額の百パーセント、北緯三十六度を越した場合は、百五十パーセントとある。「掃海手当」は、内地支給額の二倍。「被攻撃手当」は、一航海に五千円だという。五千円というのは、日雇い労賃が二百六十円くらいの時代であることを考えると破格である。現場の人たちは「ビックリ手当」とか「ポン手当」と呼んでいたようだ。

この十月九日の時点では、彼ら特別掃海隊が、朝鮮戦争にどのような形で関与するのか、認識には

総指揮官艇「ゆうちどり」

らつきがあった。音も光も出せない各艇に満足な情報が行き届くことは考えにくく、この時点では指揮艇である「ゆうちどり」以外は限られた情報だけで、窓に毛布を張った灯火管制の中、不安な思いを募らせていたのである。胸騒ぎを察しているのか、海のうねりもますます激しくなり、気温は急激に下がっている。三十度近くがぶる長い夜が過ぎていった。

そして夜が明ける。

ＭＳ03号に乗り組んでいた第二掃海隊指揮官である能勢省吾は、目を見張った。

「十月十日、夜が明けてみるとついに元山沖付近まで来ていたのである。遥か沖合の方に米第七艦隊らしい戦艦、航空母艦等がずらりとならんでいるのが沖合い遠くに見える。我々の行く処は朝鮮東岸の元山沖であったのかと、はじめて皆はびっくりしたのであった。〈中略〉これこそ第七艦隊の主力ではないか。元山でこんな大部隊を動かすような大作戦が計画されていたのかと思って私は驚いた」（『朝鮮戦争に出動した日本特別掃海隊』）

湾口近くには駆逐艦が数隻いて、陸上への砲撃が行なわれ、ヘリコプターが行ったり来たりしている。戦場に来たのだということを、誰もが感じた。

「ゆうちどり」を先頭に、日本の掃海艇は米の工作艦「カーミト・ルーズベルト」に横付けし補給を受ける。五千七百トンの同艦は、百三十トンの掃海艇から見れば一万トンくらいに感じたという。しかし、横付けしたのはいいが、日本海の大きなうねりで小さな掃海艇は激しく動揺し、工作艦の舷側にぶつかって損傷を受け、すぐに修理をしなければならず、大変な騒ぎであった。

その間、田村久三総指揮官が米艦で打合せを行なう。各艇、燃料や真水、生糧品も満載にしてもらい、全ての補給が終わったのは深夜、十一日の〇一〇〇頃であった。米軍から指定された泊地に急ぐ。

不安な夜と危険な掃海

さて、泊地に続々とたどり着いたものの、そこは水深が百メートルと深く、錨が届かない。各艇は「ゆうちどり」を中心に、艦橋に当直士官と最小限の航海当番を配置、発電機などを全て止め、漂泊することになった。

シベリア方面から北東の季節風が朝鮮半島の東岸に吹き付け、四～五メートルの波が押し寄せている。各艇は終夜グラリグラリと三十度くらい左右に傾斜しながら、上下にも揺れる。漂泊している船は、どうしても真横に押し流されてしまうため、横揺れはますますひどい。

ＭＳ03号の能勢も不安な夜を過ごしていた。

「粗末な寝台に横たわっていても身体が揺れて何も考える余裕もない。大阪駅を出発する時、女子職員が贈ってくれた大阪名物の梅干飴をしゃぶっていると、何となく心も静まり落着きが出てきて、ようやく眠りにつくことができるのであった」

そして掃海作業が始まった。かなり多くの機雷が敷設されているようである。米側からの命令では、元山の上陸水路は十月十五日までに啓開が必要とのことであるが、とても間に合うとは思えない。四隻の米掃海艇と合流し作業を開始する。

能勢は米掃海艇を見て目を疑った。全てが鋼の船体なのである。もちろん、磁気機雷にかかれば、ひとたまりもない。元山港に機雷が多数敷設されていることは間違いない。そしてソ連製の機雷があるとすれば、それがどの程度進歩しているか見当がつかないが、磁気機雷である可能性は高い。磁気機雷に鋼はご法度であることを、米軍が知らないはずがない。

「あの艇長や司令、やられることを覚悟のうえなのだろうか」

米掃海艇のブリッジを見上げながら、能勢は独り呟いた。実は、米軍の掃海艇は日本占領の目的達成とともに、ほとんど全てが米本土に帰され、朝鮮掃海に使用できるものは鋼製の、この四隻しかなかったのだ。

十二日、早朝から日米の掃海艇で作業が始まる。共に湾口を目指して、先に米掃海艇が、そして日本の掃海艇が続いた。いつ触雷して爆発が起こるかわからない緊張の中、まず米掃海艇が静かに湾内に侵入するが、何も起こらない。続いて能勢たち掃海艇四隻が続く。能勢は記している。

「よしッ次は我々の番だ。米掃海艇四隻が通過したからと言って安心はできない。機雷は回数起爆装置がついているかもわからないし、また係維機雷があるかもわからない。木造ではあるが日本掃海艇の方が米掃海艇より喫水が深いのである。そのほかどんな種類の機雷があるかもわからない。もし、ソ連が北朝鮮に武器援助しているとすれば、ソ連海軍は昔から機雷については研究の進んでいる国でもある。油断はできない。陸上からは何の反応もなく静まり返っている。

我々の掃海艇は後部の方の喫水が深く、エンジンも後部にあるのでもし触雷するとすれば後部の方が可能性が大きいので触雷した時の被害を最小限に止めるために全乗員は艇の前部に集結させてあった。船橋にある者は皆無言のまま緊張した面持ちで何となく冷え冷えとした感じである。我々も逐次湾内へと進入していく。何事も起こらない。どうやら機雷堰の第一線を突破したようである。何となく内心ホッとする。湾口には機雷が敷設されていないのかもしれないと思った」(『朝鮮戦争に出動した日本特別掃海隊』)

しかし、安心はつかの間であった。

「先頭艦が湾口にさしかかった時である。『ドーン！』という大音響とともに、先頭艦AM275が水煙に覆われた。『やられた！　触雷だ！』艦橋に居合わせたもの皆一様に、声もなく、見つめた。MS62からは三〇〇〇メートルもあったろうか。同海面で掃海中の全乗員の見守る中に、水柱は一〇～一五秒で消えた。同艇は既に船首を下に、急速で沈下していくのがわかった。次第に船体が没し、最後にマストが見えなくなるまで三分もたったであろうか？　続行していた二番艇は早速救助艇の準備をしているのが見えた」(『元山特別掃海の回顧』)

米艦に続いていた能勢は、目の前のアッという間の出来事に、呆然としていた。すると、その時、

「ズドーン！」

けたたましい音が耳をつんざいた。

「砲撃だ！」

追討ちをかけるように、湾口南側の薪島の方から敵の砲撃が始まったのである。救助に取りかかっていた米二番艇は直ちに砲戦を開始した。掃海具を曳航しながら、沈没した前続艇の乗員を救助しつつ、身動きできない機雷原の中での交戦という、掃海艇としては最悪の条件下での戦闘となった。

さらに、米軍から最も近い麗島からも砲撃が始まる。

「なんてことだ！　二番艇が危ない！」

「ゆうちどり」の田尻は友軍の苦戦を目の前に、歯軋《はぎし》りするしかなかった。日本の掃海隊はただ米艦を見守るしかない。そして、本当にとんでもない所へ来てしまったという現実を、改めて思い知らされることになった。

その時、

「ドーン！」

大音響が上がったと思うと、二番艇が水柱と煙に包まれる。左右に揺れ動いたかと思うと、見る間に横倒しとなって、沈み、一瞬にして何も見えなくなってしまった。これもアッという間であった。三番、四番艇も砲撃を開始、同時に救助作業が始まった。しばらくすると、「掃海を中止し、泊地に避退せよ」との命令が出される。

待ってましたとばかりに、全艦艇は一斉に反転、掃海具を揚収し、泊地へ引き揚げることになった。結局、この日、米掃海艇二隻が失われた。戦死者十二名、負傷者九十二名、うち・名は救助後死亡したという。

この日の午後、米側で緊急作戦会議が行なわれたとみられ、日本側には何の連絡もなく、戦闘中のつかの間の休養となった。これまで隊員の中から聞かれた不平の声が、どうしたことか、まったくなくなっていた。

夜になると突如、米艦船部隊による照明弾使用の艦砲射撃が始まった。初めて見る戦艦、巡洋艦および駆逐艦による陸上砲撃であった。

「点在する島に残存する北朝鮮の制圧であろう？　掃海艇二隻沈没に対する報復？　一〇海里離れた沖合から、元山の町が、湾口の島々が、連続打ち上げられる照明弾に、映画のように美しく照らし出され、数分間隔に打ち込まれる砲弾に、火の粉が飛びちり、火災が起こり、次々に破壊されていく状況が、手に取るようにわかった。艦砲射撃は一三日の夜明け近くまでほとんど一晩続けられた。あれだけ打ち込まれたら？　おそらく壊滅しているだろう？　いかに防空壕や塹壕にこもっていても……」（『元山特別掃海の回顧』）

果たして十五日の期限までに、掃海を完了させるなど可能なのだろうか、その日が来ても、機雷の多くが残っていれば、日本へ帰る日はいつになるのか。米軍による激しい砲撃を横目に、日本の掃海隊はひたすら掃海を続けた。時間はいたずらに過ぎていく。

夜は連日の漂泊。一晩で十海里以上流されては、翌朝元の位置に戻り、昼間は終日泊地の掃海という毎日であった。結局十五日も十六日もひたすら掃海と漂泊。作業服のまま仮眠をとる夜は七日を数えた。

ＭＳ14号触雷す！

十七日、運命の日は来た。いつものように早朝からの作業が始まる。隊員たちは連日の作業の疲れも見せず、能勢指揮官の乗るＭＳ03号を先頭に掃海具を曳航して湾内へ進入する。触雷の危険を考慮し、乗員は全員、救命胴衣を着用して上甲板に待機しての作業だ。エンジンは艦橋でリモート・コントロールしていた。

午後三時半頃のことであった。

「ドーン！」

という、足元から突き上げるような大音響が起こった。

「触雷だ！」

能勢が即座に振り向くと、前方に煙とも水柱ともわからない薄黒いものが広がって何も見えない。全員が目を凝らして煙が消えるのを待つ。

「ＭＳ14だ！」

煙の中から、木片なのか人の頭かわからない黒いものが、点々として海面に浮かんでいるのがかろうじてわかる。

「しまった！……」

能勢は唇を噛み締め、直ちに、

「掃海中止、掃海索を揚げ救助せよ！」

と、各艇に指令した。自身の乗るＭＳ03号でも急いで掃海索を揚げ、小さい伝馬船を降ろして救助に向かうよう艇長に指令するが、掃海電纜を揚収するには否応無しに時間がかかる。電纜を引き揚げる作業に必死になっていると、徐々に水煙が消えていき、ＭＳ14号の船体はすでに水没、マストは大きく傾き、艦橋部分が水面上にわずかに出ているだけとなった。そして、見る見るうちに艦橋も見えなくなってしまった。

考えてみれば、先の八百トンも九百トンもあろうかという米艦が、触雷して三分で沈没したのである。戦時急造の老朽化した木造掃海艇百三十トン程度では、たまったものではない。

その瞬間、総指揮官艇「ゆうちどり」では、田尻が瞬間的に、下関を出る時に家族とともに訪ねてきたあの機関長のことを思い出していた。触雷したのは違う船である。ほっとする気持ちもあったが、すぐに現実に戻された。

「救助だ！」

しかし、艦橋では全員、呆然としており、直ちにその命令が下されない。旧海軍軍人とはいえ、長いこと陸上でデスクワークばかりをして、今回、急遽海上に出てきたという者も多く、咄嗟に判断できないのである。間髪を入れずに適切な命令や指示を要求する方が無理な注文なのだ。

一方、ＭＳ14号の対艇であったＭＳ06号を見ると、早速、救助艇を降ろす準備をしている。しかし、他の船は掃海具の揚収などで、もたついている。そのうえ、なにしろそこは機雷の海である。下手に動けば同じように触雷するかもしれないという思いも、いずれの船にもあったであろう。動くに動けないのである。

「ゆうちどり」は鋼船であったため、接近できない。歯噛みをしていると、米艦が救助に全速力で沈没現場に急行しているのが見えた。田尻は心揺さぶられた。友軍の沈没を見て自らの触雷の危険をも顧みず、敢然と救助に向かうその姿、これが、紛れもない米軍の対応であった。助けを求める乗員が必死に泳いでいる。北緯三十九度、十月半ばの元山である。水温は内地よりかなり低いであろう。

「早く救助しなければ！」

いつの間にか日が傾いている、焦りと新たな触雷への不安の中、懸命な救助作業が行なわれた。そしてこの時、日本の掃海部隊は、今、目の前で起きていることが、自分たちの置かれた現実であると、呆然としながらもはっきりと自覚したのである。

日暮れ直前の午後四時過ぎ、米側から二十四名を救出したとの通知を受ける。しかし、ＭＳ14号の乗員は全員で二十三名のはずであった。米側に救出人員の再チェックを求めるが、しかし、二十四名で間違いないという。

「なぜだ。どう考えてもおかしいではないか」

「ゆうちどり」の艦橋ではあれこれと議論が始まった。そのうちに米側から
「MS14号の乗員は計二十二名救出、行方不明者は一名、氏名は中谷坂太郎、先に通知の二十四名のうち二名はMS06の通船の乗員である」

という報告を受ける。しばらくして、救出された乗員のうち三名が重傷、五名が軽傷でその他の者に大きなケガもなく無事であることがわかった。夜になり、日本側の掃海部隊は指定された湾内の錨地についた。下関出港以来十日目にして初の投錨であった。

田村総指揮官は、収容された乗員を見舞うため米艦に赴く。しかし、他の隊員との面会は一切禁止された。負傷者は応急治療のうえ、内地へ送還されるという。

乗組員たちの怒り

その夜、田村が帰ってくると、緊急対策会議が行なわれ、集まった艇長たちが口々に、

「約束が違うではないか！　米軍の作戦上の要求に基づく任務とはいえ、だまされた！」

「米軍の戦争にこれ以上、巻き込まれたくない。掃海を止めて日本に帰るべきだ！」

と、溢れるように不満、怒りの声をぶつけた。下関を出港した際に決めた約束がことごとく破られ

たことへの怒りが噴出したのだ。戦後五年間、日本の航路啓開のため、二百トン前後の小船で機雷と戦う海の男たちを率いてきたのが、この艇長たちであった。目立たないながらも、復興への道のりに自分たちは、なくてはならないという誇りもあった。それが、こんな所でわけもわからず、部下たちに命を懸けろと言うのか。やりきれない思いがこみ上げた。

この艇長たちの憤りは、指揮官だとて同じ思いだった。しかし、能勢は自身の気持ちを抑え、一つの提案をした。

「米軍の機動艇や交通艇を借用して、事前に深度の浅い所の小掃海をやり、そのあとを我々の掃海艇で本格的に掃海する方法を検討してみようではないか」

とにかく全員の気を静めなければならないと判断した能勢は、そのために問題点を他所に転換させようとしたのだ。

しかし、艇長たちはなかなか納得しない。能勢は、半強制的に話をまとめて、田村に、小掃海を行なうための、機動艇か交通艇を借用してもらえないか頼んでもらうことにする。ただし、この方法は、実現したとしても時間がかかるやり方で、そんなことをしていれば、米軍の上陸を大幅に遅らせてしまうこと必至である。能勢自身、そのことは承知のうえであった。が、しかし今、目の前の抵抗に対応するためにはこれしかなかったのだ。

そして、朝を迎えた。田村は一睡もしなかったのであろうか、憔悴した面持ちで米艦に赴く。米掃海部隊司令官スミス少将を訪ねるが、不在のため、指揮官のスポフォード大佐と会見することになった。同大佐は田村の意向を了解し、米軍の機動艇を借りて小掃海を実施することに同意してくれた。

早速、田村は日本の指揮官たちにその旨を伝え、ホッとした矢先、その話をしている途中で、米掃海部隊司令官スミス少将から田村に、直ちに来艦せよとの連絡が届く。話合いを中断し、すぐに再度米艦に赴くと、司令官の話は、

「予定どおり掃海を実施せよ」

というものであった。日本側の意向はまったく受け入れられなかったのだ。これに対し、三人の艇長が、

「我々は日本政府の命令でやって来た単なる公務員で、軍人ではない。命の危険を冒してまで任務を遂行する義務はない」

と言って聞かない。田村は直接その艇長たちと個別に面接し、掃海を継続することに「イエス」か「ノー」かで回答するように求めたが、彼らの答えはいずれも「ノー」であった。

能勢は、何とか他の方法はないかと、説得しようとするが、それにさえ艇長たちは耳を貸さない。その艇長たちもまた、各乗組員の気持ちを代弁していたのである。もはや彼らには、掃海を止め、日本へ帰ること以外の選択肢はなかった。

万事休す。能勢は、艇長と運命を共にし、全責任を負う覚悟を決めた。

「何か事が起こった時は、俺が皆を連れて帰るから安心してついて来い」と、約束したのは他でもない、自分である。残って田村を助けたいという思いもこみ上げたが、ぐっと堪えた。

能勢はとうとう、「部下の掃海艇三隻を率いて日本に帰投する」と田村に申し出たのである。それを受けた田村は再び米艦へ赴き、その旨を伝えなければならなかった。その時、田村の心情は如何ばかりであったか……。総指揮官の置かれている立場は、あまりにも孤独であった。

約一時間後に戻って来た田村の顔色は蒼白であった。すぐに「ゆうちどり」で待ち受けていた指揮官たちと会議が開かれる。スミス司令官と田村総指揮官の間にどのようなやり取りがあったのか、全員が田村に注目し、その言葉に耳を傾けた。それは、ことのほか厳しいものであった。

「日本掃海艇は明朝〇七〇〇出港して掃海を続行せよ。さもなくば日本に帰れ。十五分以内に出なければ撃つぞ！」

そう言われたのだという。

これには、皆、さすがに仰天した。何という高圧的な態度。能勢は「撃つなら撃ってみろ！」という気持ちになっていた。敵前上陸直前の緊張感で苛立つ米軍と、仲間の触雷を目の当たりにして動揺する日本の掃海部隊、今、この両者は、目的も意気込みもまったく共有できない「友軍」であった。

田尻は、ふと客観的になってみた。日米の指揮官、それぞれが苦悩している。米側としては、使命感を共有できないならば、他の部下への影響を考えても、日本隊は足手まといであるし、日本側としては、もとよりそのような責任はないのだから、冗談じゃないという気持ちである。部下のことを考えても、断るべきものはハッキリ言うのはもっともだ。もし、自分がどちらかの立場だったら？

責任を担うとは、一体、どういうことなのだろうか……。と、その時、

「お先に……」

声をかけられて、田尻は、はっと我に返った。能勢と三人の艇長が会議の席を立ったのだ。能勢の目は真っ赤に腫れている。昨夜は一睡もしていないのであろう、あるいは、無念の涙をこらえているのであろうか、声を絞るように、

「内地に帰るよ……」

と言い残して、三人の艇長も出港準備をするために「ゆうちどり」を出て行った。田尻は、指揮官の寂しさと孤独を感じながら、ただ、その後ろ姿を見送るしかなかった。

能勢隊の離脱

能勢のＭＳ03号は、機関故障で修理中のＭＳ17号も曳航して帰ることになった。ＭＳ17号は主機械を分解中で、すぐに出港できそうになかったのだが、なにしろ「十五分以内に出港しなければ撃たれ

る」ということである。取るものも取り敢えずという勢いで、大急ぎの出港準備だった。

間もなく、ＭＳ03号とＭＳ06号のエンジン起動のディーゼル音が静かな泊地に響き始めた。煙突からは独特の青白い煙が立ち上り、上甲板では三隻とも甲板員がいつもと変わらぬ姿で出港の作業を黙々としている。やがて、ＭＳ03号はＭＳ17号を横抱きにして静かに動き始めた。ＭＳ06号は両艇を見守り介抱するように続行する。

「ゆうちどり」には「掃海隊は日本に帰投すべし」という命令が、旗旒信号で揚げられていた。これは、無断帰国にならないように、田村総指揮官の配慮であった。送る人、送られる人、互いに声もなく、静かに敬礼。全員が甲板上に、互いの船影が見えなくなるまで立っていた。誰一人、話を交わす者はなかった。

能勢の率いる部隊は、米第七艦隊を横目に永興湾外に出た。日本掃海隊の補給を担当していた工作艦「カーミト・ルーズベルト」がその中にいて、田村からは、帰投の際は、ここで補給を受けるよう指示されていた。同艦の前甲板では、「オーイオーイ」と手を振って呼んでいるようであったが、頭に血が上っていた能勢は、燃料は各艇とも十分にあったので、これを無視して下関へひた走った。

夕闇が迫ろうとしていた頃、永興湾の山々を遥か右手に眺めながら、寂莫《せきばく》とした気持ちで航行している時に、能勢は湾内の方に突然、黒煙が上がるのを見た。昨日、能勢たちが掃海した海域の方向であった。ちょうどこの頃、韓国の掃海艇か砲艦が一隻触雷し沈没していることがわかっている。この時の煙は、その触雷によるものに違いないと、能勢は後に振り返っている。

そして、ちょうどその頃、石飛矼指揮官率いる第三掃海隊が編成され、元山に向けて北上していた。能勢隊が出港して二日目の真夜中、この二つの部隊は遭遇している。第三掃海隊から「如何せしや」と発光信号が送られて来る。「我、下関に向かいつつあり。安全なる航海を祈る」と、信号を交換した。詳しいことを伝える間はなく、行き過ぎるしかなかった。

能勢部隊は十月二十日に下関に到着。米極東海軍司令部は直ちに、第二掃海隊指揮官である能勢と三名の艇長を退任させた。

一方、元山に残った「ゆうちどり」では、皆、放心状態でいた。あいかわらず米軍は、度重なる掃海艇の触雷に怯むことなく、掃海を続行している。

そして二十日、永興湾口にMS24号を先頭に、01号、05号、16号、19号の順に日本の掃海隊五隻の船影が見え始めた。久しぶりに希望の光を見たようであった。もちろん、彼らは今日までにここで何が起きたか、まったく知らない。

入港すると、石飛指揮官と五名の艇長は、早速「ゆうちどり」に参集。田尻は、今までの諸々の事件の概要を口早に説明した。皆、初めて知らされた事実に、薄々想像していたとはいえ、顔色が変わるのがわかった。

撤退の後始末

そんな折、田村総指揮官が、大久保海上保安庁長官による能勢隊の離脱に対する事情聴取のため、米軍の飛行艇で急遽帰国することになり、総指揮官艇の「ゆうちどり」も元山を出港することになった。二十三日、見つけ出すことのできなかったMS14号の行方不明者を永興湾に残して行くことを無念に思いながら、「ゆうちどり」は錨を揚げた。

戦後になって、仲間を外地で失い、そこに残して行かねばならないとは、思いもよらなかった。日本では、何も知らない家族や友人たちが首を長くして待っているであろう。日常に戻れる嬉しさと、虚しさが複雑に絡み合った思いでの出港であった。

大久保武雄の『海鳴りの日々』によると、東京に着いた田村は、大久保とともに首相官邸に赴き、早速、岡崎勝男官房長官と面会する。大久保から、朝鮮水域における掃海の語り尽せぬほどの厳しさ、それと闘う苦難が説明され、こうした事態に陥った今、この掃海作業を継続するか否か、「政府の方針を承りたい」とただした。岡崎官房長官は、

「吉田総理は、日本政府としては国連軍に対し全面的に協力し、これによって講和条約をわが国に有利に導かねばならないというお考えである。冬季荒天の朝鮮水域で、しかも老朽化した小舟艇によ

る掃海作業には、多大のご苦労があると思うが、全力を挙げて掃海作業を実施し、米海軍の要望に副《そ》っていただきたい。日本政府としては、このためにはできるだけの手を打つので、ほかのことは心配せぬように」

と答えたという。

政府の最高方針を確認した二人は、その後、米極東海軍司令部に、司令官ジョイ中将と掃海参謀バーンズ中佐を訪ねる。大久保はまず、

「朝鮮派遣掃海隊のうち三隻が内地に引き返したことにつき遺憾の意を表し、責任者の処分を行なうとともに、第一線の掃海部隊にはすでに指令を発し、内地の管区本部長にも米軍と協力するよう申し渡した」と述べ、そして、海上保安庁で働いている旧海軍軍人の勤務期間が、間もなく切れるので、その期限の延長の申し出や、内地に引き返した隊員の気持ちなど、次々に語り、引き続き日本の特別掃海隊がこの任務を担うことを前提に、掃海隊の士気が落ちないように、配慮を願い出たのである。

米側としても、はじめは今回のことに対し、強硬な姿勢であったものの、目の前で懸命に掃海を継続するための手を打っている誠意に触れると、だんだんと寛大になっていった。

大久保はのちにこの日のことを「生涯で最も長い一日だった」と振り返っている。実は、あれこれと思案し、さまざまな対応を想定して、事に挑んだのだ。

結局、能勢指揮官が一人、全責任を負うことで決着がついたのである。

ところで、米側の資料では、「日本掃海艇三隻は、十五分以内に出港して掃海を続けなければ撃つぞ」という発言は、誤訳であったとされている。米側が「雇用を解除する」と言った「雇用」（Ｈｉｒｅ）を、日本側が「砲撃」（Ｆｉｒｅ）と聞き間違えたのではないかというのだ。

米側の資料には「言葉の障害と、それに伴う誤解のため掃海艇三隻が元山を離れ日本に帰投した。これら三隻の乗員は掃海作業から解除された。その他総ての場合に言語上の問題は続いた」とあるが、しかし、米側が当時、激怒していたことは確かであろうし、尋常でない威圧感を感じたことは間違いないのであろう。

ともかくも、米軍による元山上陸は、結局、十月二十五日まで延期された。世界最強の海軍力を誇る米艦隊が、元山沖では三千個もの機雷に遭遇し、二〜三隻の小さな掃海艇が死に物狂いで掃海している間、じっと日本海にとどまっていなければならなかったのだ。米軍は身をもって、機雷の効力を知ったのである。

そして、このことで、米軍は日本の力を認めざるを得なくなったのだ。日本の掃海艇によって一度掃海された区域は、他の掃海艇によるやり直しの必要はなかった。国連軍の掃海は、とてもそうは言えなかったと言うから、いかに日本の掃海部隊が訓練され、また誠実に取り組んでいたかがわかる。

これは、その後の日本の針路を大きく動かし、計り知れぬ貢献をした、戦後初の「知られざる」海外派遣であった。

9 朝鮮戦争の真実

朝鮮戦争における、日本の特別掃海部隊と言っても元山の掃海だけを意味しているわけではない。作業は各地で、掃海隊と試航船に分かれて行なわれた。

元山、群山、仁川、海州、鎮南浦などの掃海作業の他、試航船「泰昭丸」や「桑栄丸」による仁川、木浦、麗水、馬山、釜山、鎮海などの港湾や航路の試航が行なわれたのである。

それにしても、終戦から五年、世の中では戦争の記憶を忘れようと躍起になっていた時代に、まさか砲弾の飛び交う戦場（「船上」ならぬ「戦場」である！）に行くことになろうとは、彼ら掃海部隊にとって晴天の霹靂であったろう。しかも、一部の人たちが途中で内地に帰投したものの、他の隊員は粛々と任務を全うしたのだ。

もし、この時、全員がサボタージュなどということになっていたら？　日本の運命は変わっていた

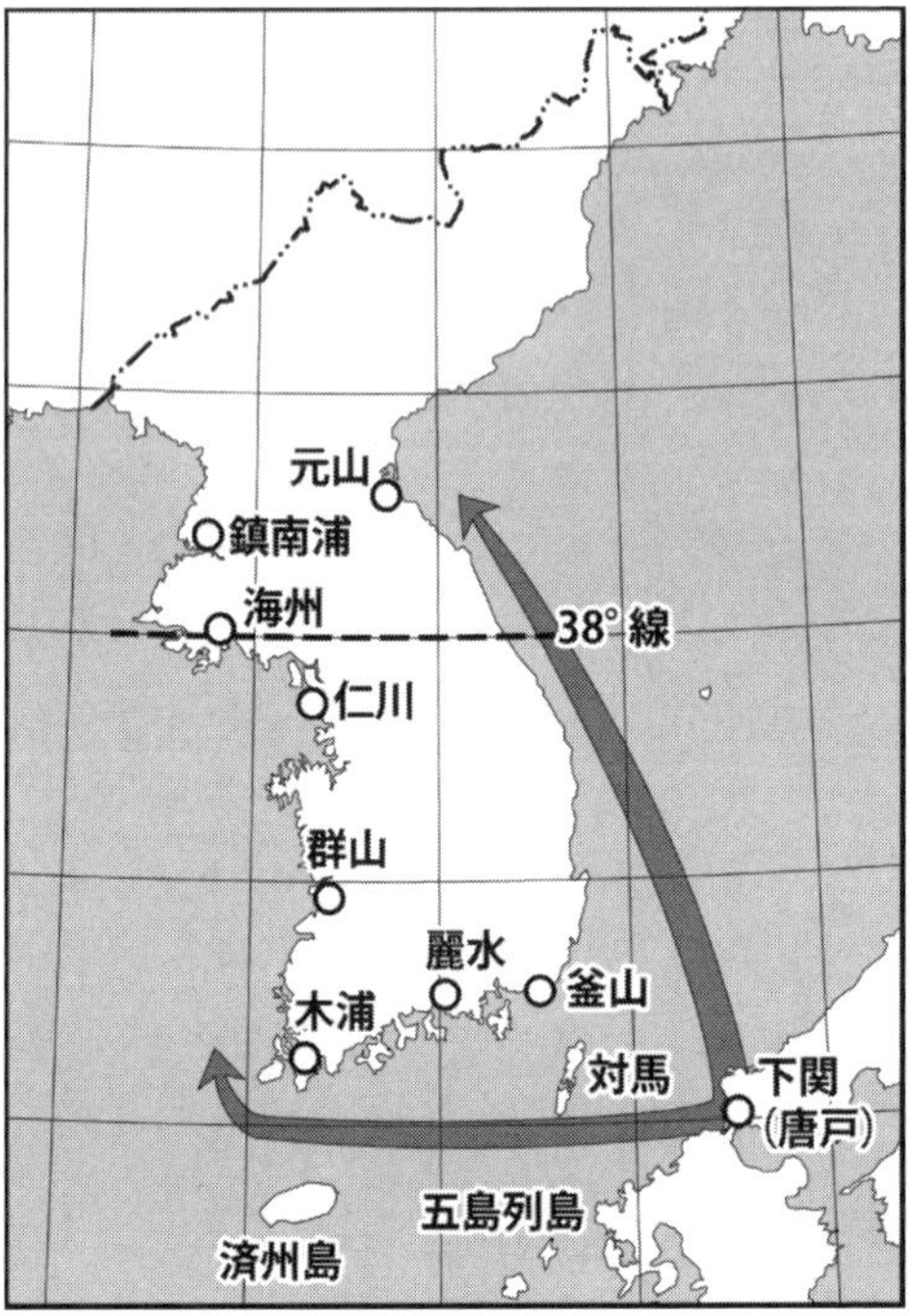

のではないか?

　私たちはよく、「戦後七年間に及ぶ米国の占領政策が終わり、日本は独立……」と簡単に言うが、サンフランシスコ講和条約はどこからか降って湧いたものでも何でもなく、その締結に向け、熱意を燃やした人の存在があったからこその成果である。

　当然、米国側でも当時、対日講和に対しての見解はさまざまで、「まだ早い」という声も少なくなかったのである。一体、いつの時点で「まだ早い」が拭えるのかは、皆目わからず、いつまでも「その時」を待たなければならなかったかもしれないのだ。

　そうした時に朝鮮戦争は起こった。

　この時、日本そのものが前線基地としての役割を果たした。輸送や後方支援というロジスティックス面では多大な貢献をし、日赤の看護婦も協力活動をしたと聞く。米国船の労務者となり、船が沈没し亡くなった人もあり、日雇いで物資の輸送などをしている時に命を落とした人もいるという。これらの詳細については、諸説あるが、『海鳴りの日々』によれば、

「死傷者十九人を含む千二百人の前線活躍、四百五十人の後方支援については、今日まで秘密にされてきた」

と、ある。また、最近の研究では、死亡者は二百名以上とも言われている。

こうした人々、そして、掃海部隊の活躍がなければ国連軍による上陸作戦があり得なかったことを考えると、サンフランシスコ講和条約締結の背後には、想像以上の労力が使われていることは間違いないのである。いや、「労力」などという言葉は適当でない、そこには日本人の「汗」と「涙」、そして「血」が流れたことは厳然たる事実だ。

こうした事実が、長年の間、ひた隠しにされていたことから、今や私たちは、終戦から年表をなぞっていくと「独立」に到達し、次に「復興」へ移行したとごく簡単に捉えているが、そこに歴史認識への大きな欠落があるように思えてならない。

朝鮮戦争へ、日本が総力をあげて関与し、犠牲者を出し、またその事実を明らかにしてこなかったことについて、これまでさまざまに非難の声もあがっている。

しかし、国際社会の常識という視点からすれば、ただ、のほほんと平和が手に入ったと思い込んでいる方が、よほど非難されるべきことで、平和を手にするために、世界中の人々がどんなに苦労して

いるかを認めるべきではないか。

日本の独立後、公表すべきであった事実はたくさんある。しかし、それらを「明らかにできない空気」が日本全土を覆ってしまったことがそれを阻み、またその事実が世に出てきても、繁栄を謳歌する日本人が関心を抱いたのかどうか、これも疑問である。

いずれにしても、日本は十分な国際協力を果たしたのである。この事実は、日本でも知られていないが、韓国でも知る人は少ない。

当時の日本は占領下で貧しく、他に職もなかったという事情もあったとはいえ、日本人が国連軍の大きな力となったことは確かなのだから、同じ日本人が事実に目をつむり、あたかも疚《やま》しいことのように感じる必要はまったくないと思うし、まして韓国からは感謝の声をあげる人がいてもバチは当たらないであろう。

寒くて辛い朝鮮掃海

さて、そんな朝鮮戦争における掃海部隊の活躍は、上陸作戦に先んじて行なわれた元山の掃海が最も緊迫した状況であったが、その他の水域でも苦労のほどは同様であった。

いずれも貧弱な木造船で、船体や機関は戦後の日本周辺の連続掃海によって老朽化しており、その整備は困難を極めた。掃海現場は、冬の季節風が吹き荒れる悪天候、極寒の日本海や黄海であった。補給も十分とは言えず、真水がなくサイダーで米を炊くこともしばしばであったという。

朝鮮海域で雪のデッキに立つ藤井定氏

また、こんなエピソードもあったようだ。『日本の掃海』で紹介されている掃海隊員だった海上自衛隊OBの本橋昇治の手記によると、夜になると仮泊している島陰に老人ばかりの小船が近付き、「わが国の兵隊が食糧をみんな持って行ってしまった。赤ん坊に食べさせる粥もない。ランプも、マッチもない。何もない。かにもない。一二月の粉雪の降る中で老婆が荒海に潜って、貝や海草を採集し辛うじて家族の飢えをしのぐ姿を見てきた隊員は、窮状をみかね灯油、米、コンデンス・ミルク、そしてマッチまで与えた」

とあり、昼は戦争、夜は難民救済という日々が続いていたことがわかる。

また、一番隊として仁川に向かい、さらにそこから海州へも派遣され功績をあげた山上亀三雄指揮官（海軍兵学校五十五期・元海軍中佐）が、このような所見を残していることは注目に値する。

「我々の能力があまりにも高く評価されていることは自縄自縛で、この際あっさりフランクに自己を認識して、正直にありのままを米極東海軍に申し入れ善処されんことを切望する」

とあり、また、

「我々の能力以上のことをやることは極めて危険である」

とも言っている。

考えてみると、第一次世界大戦における第二特務艦隊、朝鮮戦争における特別掃海隊の派遣、自衛隊においては海自のペルシャ湾への掃海隊派遣、インド洋での補給活動、陸自のイラク派遣、その他、あまり知られていないがゴラン高原他でのＰＫＯ活動、空自はクウェートでの活動を継続しているが、これらわが国の軍または自衛隊による、人的支援活動においての現場での仕事ぶりは、ことごとく期待以上の評価を得ている。

彼らは能力の出し惜しみはしない。多くの制約があるにもかかわらず、完璧に任務をこなそうとするその姿は崇高である。ところが、皮肉なことに、いかに無理な条件でも粛々とこなしてしまうことが、無理な条件を無理だと思わせないという、堂々巡りを起こしているのは歯がゆいことである。「能力以上のことをやることは極めて危険」という山上の述懐は、そうした面においても示唆的である。

しかし、過去から現在に至る、無理に無理を重ねて遂げてきた計り知れない努力によって、日本が国際社会において、それなりの目で見てもらえることは間違いないのである。

彼ら多くの人々の無理の積み重ね、国民はその恩恵に与っていることに気づかず、自衛隊が不祥事や事故を起こすと鬼の首をとったように責め立てる。この無知蒙昧さは、哀れというより他ない。

鎮南浦の掃海

さて、朝鮮半島のさまざまな場所で繰り広げられた掃海部隊の活躍を振り返ってみようと思う。まずは、『海鳴りの日々』に収録されている、石野自彊（海軍兵学校六十九期・のちの海上自衛隊大湊地方総監）指揮官の手記から辿ってみる。

石野隊は、昭和二十五年十一月三日、かつての明治節に下関を出港する。対馬海峡の荒波と強風の中、実速は六ノット。近くて遠い朝鮮半島であった。乗船するはMS62号、元山では総指揮官艇であった「ゆうちどり」である。再び母船として、木造の駆特、哨特を引き連れ朝鮮半島へ赴くことになった。乗り組んでいる乗員の様子を次のように記している。

「大部分は、旧日本海軍にいた者で、終戦後の混沌とした世情の中を、海洋国日本の生きる血脈である海上交通路、港湾を、一日も早く機雷から清掃して、海上交通路を確保し、日本の経済の復興に寄与するため、生命がけで掃海一筋にやってきた人達で、こと仕事に関しては、どんな苦労にも文句もいわず耐えて、きっちりと作業をやってきていた若い者の集団であるので、時に陸上でハメをはずすこともあったが、活気に溢れていた。艇長は、海軍兵学校出身の若い人もおれば、また年輩の老練有能な特務士官出身の人もおり、果敢さと堅実慎重さ、創造性と保守性等が適当にバランスしていた」

小さな掃海艇の大きな活力が目に浮かぶようである。

鎮南浦に着くと、そこは、米・英・韓の寄合い所帯であった。指揮官はアーチャー海軍中佐、その温厚な人柄によって、この難しい取合せは、なんとか良い雰囲気を保っていた。機雷は、日本隊の到着までに、航空機や艦船などで約四分の一は、処分が終わっていたという。

掃海のやり方は、最初に米軍のアクアラングを装備したＥＯＤチーム（水中処分隊）が、敷設線の機雷を処分（北朝鮮の敷設船の船長を捕虜としていたため、敷設線や個数を正確に把握していた）。その後、上陸用舟艇が掃海し、さらに米軍掃海艇が啓開することになっていた。日本の掃海艇は、その後のチェック・スイープや、機雷のないと思われる水道、泊地の確認掃海をして欲しいとのことであった。日本は、他よりマシな仕事を与えられたようであるが、苦労は人一倍であった。石野の手記を見ると、内実が窺える。

まず、出港は日の出前であった。掃海現場で掃海具を投入し準備が整う頃、やっと夜が明ける。掃海が始まると機械室は、船橋からのリモート・コントロールに切り換え、無人にし、手の空いた者は、上甲板前部で救命胴衣を着けて見張りに当たったり、待機をする。

船橋では、既掃海面図を作成するため、六分儀を使って、二人で同時に同一目標を中心に左右目標間の測角をして、三分ごとに船位を入れてゆく。その船位を連ねて実航跡を画き、それに有効掃海幅を加味して、掃海面図を作る。測角員は熟練を要し、掃海中は忙しい重要な配置である。

連日の掃海により、一定区域が既掃面で黒く塗りつぶされてゆく。掃海されずに白く残った海面上の隙間は、繰り返し掃海して真っ黒になるまで続けるのだ。単調な作業の繰返しではあるが、いつ何時、浮流機雷が流れてくるかもしれないし、陸岸からの狙撃があるかもしれない中であり、まったく気の休まることのない根気のいる仕事であった。

それに、雪のちらつく悪天の日などは、一日中甲板に出ての作業は、若い乗員でも大変きついものであった。体力の消耗も著しい。しかし、彼らはそれにもめげず、黙々と決められた作業をする。この姿を石野は、

「まことに頼もしく貴いもので、まったく頭が下がった」

と、記している。彼らはこの一連の作業を、十二月三日まで一日も休まずに遂行したのである。

それにしても戦場の海は悲惨だった。

「掃海中に、大同江から流れてくる濁流の中に、時々変死体も流れて来て、中には婦女子もあり、

後ろ手に縛られたままのものもあり、戦渦の悲惨さを見せつけられる思いであった」

韓国の掃海艇とは、お互いに空々しい感じで、言葉を交わすまでに時間がかかったという。ある時、補給のために上陸用舟艇母艦に横付けすると、韓国掃海艇と隣り合った。石野は韓国兵らしい年輩の男から、ぼそりと声をかけられる。

「戦前の日本に対して憎悪感を持っている人もおります。しかし私の船では、大部分の人が、韓国の危急の際、協力してくれているあなた方に感謝しています。こういうことを、一般の韓国人は知らないのです。韓国は今大変苦しい情況にあるので、他を顧みる余裕がないのです。悪く思わないで下さい」

人目を憚《はばか》るように、その男は言ったという。しばらくすると、韓国掃海艇から数箱のりんごが贈られてきた。野菜類がほとんど無かった日本隊にとっては、有難いもので、皆、大喜びだった。彼らの、日本に対する言葉にはできない想いが、そこには詰まっていた。

やがて「掃海完了」が発表される。最初に入港したのは大きな病院船である。静かに、ゆっくりと入って行く姿が印象的だったという。

大賀良平の場合

この石野隊に途中で合流したのが第五掃海隊であった。指揮官の大賀良平（海軍兵学校七十一期・元海軍大尉、のちの海上幕僚長）は、自分がそこにいることが信じられなかった。大賀の手記（『日本の掃海』他）によると、昭和二十五年六月二十五日の朝鮮戦争勃発時、大賀は横須賀にいた。

梅雨時には珍しく晴天の日曜日であった。この頃、大賀は下関航路啓開部の掃海指揮官を務めていたが、所用で横須賀に在泊する掃海艇にいた。午前十時頃、かつての上司宅を訪ねるために船を出ようとした時に、ラジオの臨時ニュースが耳に入ってきた。アナウンサーが緊張した声で、北朝鮮軍が三十八度線を突破したと言っている。

大賀は一瞬、立ち止まった。そして朝鮮で戦争が始まったこの時に、遊びに出かけようとしている自分自身に問いかけてみた。

「いいのか？」

しかし、答えは簡単であった。もはや日本に軍人はいないのである。朝鮮で戦争が起こったとて、まったく関係のないことであった。むしろ、今、自分が一瞬ここで立ち止まり、考えたことの方が可笑しかった。そして、予定通り出かけ、この日は軍人でない気楽さを感じながらトランプに興じていたのであった。

下関に帰ると、また掃海に次ぐ掃海という毎日が始まる。速力二・五ノット、のんびりした退屈な作業の繰返しであった。

七月になって梅雨が明けると、本部から、すぐに掃海隊を率いて佐世保に回航せよという。取るものも取り敢えずに佐世保に向かい、ここで掃海作業を開始することになった。

朝鮮戦争当時、佐世保は国連軍海軍の朝鮮作戦の策源地であり、米海軍のみならず、国連軍に参加する各国海軍艦船が出入りし、膨大な軍事物資が、佐世保から朝鮮方面に積み出されていた。こうした情勢の下、佐世保の港湾警備は厳しく、湾口には防潜網が設置、夜間には閉鎖され、湾内は航行禁止となっていた。

大賀たちは、毎朝、湾口の網が開かれると、そこから平戸の沖まで機雷の危険がないかを確認するための掃海を実施した。これは、北朝鮮ゲリラの機雷敷設に対する警戒措置であった。

そのうち、米極東海軍の掃海部隊司令部が佐世保に所在することから、東京からの指示による渉外活動も重要な任務となり、陸上に事務所を設け、本格的に仕事に取り組むことになる。やがて、日本の掃海部隊が朝鮮水域に出動することになり、急に慌ただしくなってくる。いろいろな指令が東京から飛び込み、要人も次々に打合せにやって来るようになった。

ライフル、ヘルメット、銃弾を米軍から受領して、下関に集結した日本の掃海部隊に送れということで、下関から取りに来た船に積載したが、玄界灘で時化られて避泊。とても間に合わないため、トラックに積み替え、警察のジープに護衛され、なんとか間に合うというドタバタもあった。

部隊が出発して安堵する間もなく、MS14号の触雷・沈没の報が飛び込んだ。手記には、

「その乗員が米駆逐艦で佐世保に送還されるので、引き取るようにとの指令が来て、初めて日本の掃海艇が元山の上陸作戦に参加していたことを知った」

とある。運ばれた負傷者が到着すると、直ちに佐世保共済病院に収容。新聞記者がやって来て「どうしたのだ」と訝しがるが、「何も言えない、米軍に聞いてくれ」と帰ってもらい、事件がニュースになることはなかったというから、いまでは想像できないことであろうと、大賀は記している。

十一月になると、大賀にも出動命令が下った。行き先は鎮南浦であった。通常ならば、四日ほどの航程であるが、機関の故障と季節風による荒天、吹雪に悩まされ、吹雪の一瞬の晴れ間に、彼らを案じて捜索に出てきた米駆逐艦と合流し、ようやく入港することができた。そこから、間もなく海州に移動。英海軍の指揮下で水路の掃海にあたることになる。ところが、今度は掃海艇の推進軸が折れてしまう。日本の掃海艇の老朽化を物語っているのだが、そんなこともあり、掃海ははかどらない。英艦長もイライラして文句を言うのだが、どうしようもない。

結局、掃海は終わらぬまま日本に帰ることになる。この帰国もまたひと苦労で、故障した船を曳航しなければならなかった。済州島沖で荒天のため曳索が切断、ほぼ一日中、その復旧に費やさねばな

らず下関に到着したのは、十二月十一日、一番最後となった。

老朽化し、連日の酷使で、整備も行き届いてなかった日本の小さな木造掃海艇は、行って帰ってくるだけでも奇跡的だったのである。

国連軍との微妙な関係

各現場での国連軍との関係は、どうであったのか。MS07号の滋賀廣治艇長の手記（『海鳴りの日々』所蔵）を辿ってみる。

そもそも滋賀は、派遣に反対の立場であった。しかし、先に出発していた山上亀三雄指揮官率いる一番隊の駆特一隻が発電機故障のため引き返すことになり、滋賀のMS07号は、急遽その代わりに隊に加わることになったのだ。たった一隻での出港であった。

「平素はうるさく響く主機械の音も、今は頼りになる命の綱である」

と、その時の心境を書いている。

単独での夜の航海、未知の海面をひた走った。滋賀はいろいろなことを考えていた。

「あれ程、反対だった私がどうして決心をしたのだろう。そして、反対の私に心から従っていた乗員が、素直に万全の出港準備をしたのはなぜだろう」

最後は、理屈を超越した、困っている仲間を見捨てて置けないという海の男の本能が、あるいはそうさせたのだろうか……。とにかく、若く、独身だった滋賀は、部下の生命とその家族を預かっていることの責任の重さをひしひしと感じながら、ひたすら目的地へと向かったのだった。

やがて、山上部隊に合流。仁川を経た後に、海州へ向かった。海州に着くと、英海軍フリゲート「ホワイトサンド・ベイ」で打ち合せることになる。その時のことを、

「英艦の監督はなかなか厳しく、当初は当方の言い分が通らず、協同するというよりも、使役されるというニュアンスがきわめて強かった」

と、している。こうして皆、やっとの思いで現場に辿り着くわけだが、掃海作業もやはり困難を極めた。水深と潮流の相乗作用で、錨鎖には大きな負荷がかかり、電動揚錨機のある哨特でも人力を併用しなければならなかった。

モーターはうなっても、錨は揚がってこない。人力のみで揚錨する駆特では、何度も人員を交代させながら、文字通り全員一丸となってこれに当たった。揚錨にはめっぽう時間がかかるため、起床時刻も早まり、乗員の苦労は大変なものであった。

そんな中、英艦は当初、まったく日本人のことを信頼していなかったらしい。毎晩、提出する既掃面図にいちいち文句をつけてきたようだ。しかし、そのうちに彼ら英部隊の精度の方が劣ることに気づき、日本部隊の正確さを認めるようになっていったという。

ＭＳ14号の乗組員であった高木義人氏（左）と今井鉄太郎氏。高木氏は取材後まもなく亡くなった

そのうち、英艦に横付けして燃料や水の補給を受ける際、英乗組員と家族や女友達のことを話し合うようになるなど、互いに気質がわかってきて、関係が好転してくる。

実は、これには、こんな舞台裏があった。

英国軍人のあまりの威圧的態度に、とうとう業を煮やした山上が、単身で英艦に乗り込み、怒鳴りつけたのだという。以来、英海軍士官たちは、対等に接してきたばかりか、時には敬語まで使うようになっていったというのだ。

「ありがたい上司だった」

と、滋賀は深く感謝し、山上を尊敬して止まなかった。

ところで、私はこの滋賀元艇長と金刀比羅宮で行なわれた、掃海殉職者追悼式で会い、名刺を渡したところ、東京に戻るとメールが届いていて、正直、驚いてしまった。朝鮮掃海に赴いた大先輩たちの中には、こうしてパソコンを操る方もあり、取材で大変助けられた。昔、「ワイヤワイヤ」で掃海具を引っ張っていた皆さんも、今やハイテク機器を操るのである。

しかし、病と戦っていたり、視力や聴力が不自由という方も多く、ＭＳ14号の乗組員であった高木義人は、取材後まもなく他界された。最近、にわかに「後期高齢者……」云々が話題になっているが、苦労を重ねて日本の復興のため力を尽くした人たちは、紛れもない、こうした方々なのである。

それぞれの朝鮮掃海

また、群山でも日本部隊による掃海が行なわれていた。指揮官は萩原旻四（海軍兵学校六十期）であった。その手記（『海鳴りの日々』所蔵）によると、群山港に着くと、おもむろに韓国の掃海艇が近付いて来て、

「指揮官来い」

と命令される。黙ってその通りにすると、韓国の艇長は、

「私が群山掃海の指揮をとる。私の命令に絶対服従せよ」

と言ったという。しかし、韓国部隊の艇長といっても、実際に掃海の経験があるのかどうか怪しいものであった。萩原はすかさず、

「私はそのつもりで来たが、あなたは掃海の方法を知っているのか」

と聞くと、

「実は、私は掃海のことは何も知らない。あなたに一切任せる。ただし、韓国司令部には、私の命令でやったことに報告させてくれ」

と言う。つまり、日本部隊の功績は、そのまま韓国部隊に譲ってくれということであったが、萩原は潔く了解した。

ここ群山では、七隻の掃海艇のうちＭＳ30号が座礁し沈没している。平成三年に朝日新聞で連載された『空白への挑戦』で萩原はその原因をこう述べている、

「朝鮮半島西海岸は概して干満の差が激しく、高波で押されて浅瀬に乗り上げ、船底に穴があいたらしい」

乗員は全員救助され無事であったが、船は異国の海に置き去りにしなければならなかった。船乗りなら誰でもそうであるが、特に掃海艇は小規模な所帯なだけに「自分の船」という思いも強い。それに、あんなに小さくて古い船に精一杯の無理をさせ、こんな所までやって来て、船だけ残して行くのは心底辛いものであった。

他人が見れば、たかが木造の小さな掃海艇、乗り捨てたところで、乗組員が無事に帰ってくれば、ひと安心であろう。しかし、彼ら乗組員にとっては、大切な家族の一員を失ったようなものである。くやしさの中、彼らは群山での掃海を終え、帰国したのである。

朝鮮の特別掃海では、一カ所だけでなくいくつかの場所に赴く、という隊員も多かった。

穂積釪彦（海軍兵学校七十四期・のちの海上自衛隊横須賀地方総監）もその一人であるが、終戦後、ちょっと意外なことも経験している。駆逐艦「響」での復員輸送に従事した後に、小笠原列島周辺で輸送艦に乗り、なんと鯨を獲っていたというのだ。これは、敗戦後、劣悪であった食糧事情から、特にタンパク質が不足していたため、それを補うための試みであった。

輸送艦三隻が捕鯨母船に改装されて、大洋漁業、極洋捕鯨に貸与されていた。乗員は第二復員局の面々、つまり元海軍の軍人ばかりであった。穂積はこうした捕鯨船に昭和二十二年の冬場に、約二カ月間乗り組んでいた。それが終わると、今度は、掃海の方で人が足りないと言われ、試航船「栄昌丸」に航海士として乗り組むことになった。先に触れたが、従来の乗組員が乗船を拒否したため、代わりに旧海軍軍人が充てられたのである。

そして、朝鮮戦争が勃発すると、萩原が率いる第四掃海隊の幕僚として群山へ派遣された。それが終了して部隊は内地へと向かったが、穂積は石野が率いる第二次第二特別掃海隊の幕僚として鎮南浦へ赴くことになり、洋上で乗り移ったのだという。

試航船に関しては、特別掃海隊が解散してからも活動を続けていたようである。昭和二十七年六月三十日までに「泰昭丸」「桑栄丸」が、仁川、木浦、麗水、馬山、釜山、鎮海などの港湾や航路の試航を行なった。

サンフランシスコ講和条約が調印され、日本が独立してからも作業は続けられていたことになるが、これについては、米海軍の要請により、特別掃海隊の田村久三総指揮官独自の判断で行なわれたとみられており、米軍の将校も乗り組んでいたという話もある。朝日新聞の『空白への挑戦』によると、二代目の海上保安庁長官である柳澤米吉は、この件に関して「知らなかった」とし、

「航路啓開本部にいた旧海軍士官の間には、米軍に協力することによって海軍の復活を図る働きがあった」

と述べたという。

しかし、いずれにしても、継続中の作戦活動の途中で、さっさと全てを離脱させることが、「シーマン」として許されざることだったという一面もあったのではないだろうか。

元山、その後

さて、すでに述べたように元山からは苦渋の選択の末、能勢省吾指揮官率いる掃海艇三隻が、途中で日本に戻るということになったが、すぐさま代わりの部隊として派遣されたのが、石飛矼（海軍兵学校五十八期・元海軍中佐）率いる部隊であった。その石飛隊の一員であった石川隆則の手記『機雷掃海一筋の三四年間』には、その時の体験が記されている。

昭和十八年に海軍に志願し、翌年、大竹海兵団に入団した石川は、教育終了後、自ら希望して機雷員となって以来、昭和五十三年に三等海佐で退官するまで機雷掃海一筋の生活を送った。

石川が過ごした元山での日々は、米軍側の気遣いもあったためか、作業そのものがやや落ち着きをみせていたためか、大きな問題もなかったようである。到着した当初は、食糧難の住民が小船に乗って艇を襲いに来ることもしばしばで、水面めがけて発砲するなどして退散させることが、一晩に四～五回ほどはあったというが、いよいよ掃海が完了という段になると、入れかわり立ちかわり永興湾に連合軍艦艇が入港し、掃海艇すら邪魔者のような感じにすらなっていったという。

揚陸される物資や兵員、この豊富な物量を目の当たりにした石川たちは「これじゃ日本が負けたのもわかるよなー」と話し合ったという。

朝鮮掃海における石川隆則氏。34年間機雷と向き合った

また、石川は元山に上陸もしている。初めて見た元山の光景は酷かった。見ると、防波堤の外側に、後ろ手に縛られた六〜七名の韓国兵の死体があった。全員が、頭蓋骨を割られて捨てられている。近くの倉庫では、数十人の韓国人が殺害され、その血で何か朝鮮語の文字が書かれていた。

その後、治安が回復したため再び上陸し、元山駅まで行ってみると、市内も砲撃戦で無残な様子になり果てていた。一緒にいた二十人くらいで、空地を見つけ、そのうち時間をもてあまし、どこから持ち出したボールでキャッチボールをしていたら、MPのジープ数台に取り囲まれて、小隊の本部に連行されてしまったのだという。事情を話しても取り合ってもらえず、困り果てていると、小隊長とみられる韓国人がちょうど帰ってきて、なんと偶然にも小学校の同級生であったため、思いがけぬ感動の再会となり、全員無事に釈放されるというエピソードもあったようだ。

その時、韓国兵たちに不足している物資を聞くと、歯ブラシ、歯磨粉、そして女子隊員は化粧水やクリーム、石鹸であるというので、艇に戻り余分なものを供出してもらい届けると、キムチや野菜、狐の襟巻などを返礼されたのだという。

こうした、朝鮮戦争と掃海部隊をはじめとする日本人との交流に関しては、まだまだ知られざるものも多くありそうだが、時の流れとともにだんだんとそれを知る術がなくなるのはいかにも惜しい。

日本が独立を果たし、今、こうして在り続けている、その背景とそこに欠かせなかった人々の経験を知ることは、日本の存在を深く理解することであり、突き詰めれば、今、私たちが生きている理由を教えてくれるのではないかと思うからだ。

ソ連製機雷による被害

また、「知られざる」ことだけでなく、朝鮮戦争が始まったことがきっかけで目に見える実害も出ている。それが浮流機雷の存在である。

海上保安庁『十年史』によれば、朝鮮戦争勃発後、ソ連製浮流機雷が急激に出現数を増し、出現海域も日本海方面はもとより、その一部は遠く日本海を北上し宗谷海峡を抜けてオホーツク海にまで及んだという。津軽海峡でもソ連製機雷が発見されるようになり、その後は、海峡を越えて太平洋方面へ流れ出たものもある。結局、ソ連製機雷は、あらゆる地域に不規則に出現するようになったのである。海潮流や季節風などの関係で、最も現れるのは冬期であった。

この期間、船舶の触雷事故はなかったものの、沿岸に漂着し自然爆発する事故は、昭和二十五年七月から三十年までで計二十三件、三名の死者を出し、付近の民家にも被害が出ている。

しかし、浮流機雷による被害で軽視できないのは間接の被害であった。船舶の乗組員や沿岸住民に与える心理的な影響は極めて大きかったのである。

日本海や津軽海峡方面の通航船舶は触雷の脅威を避けるため、迂回航行を余儀なくされ、夜間運航の停止を繰り返したため、本州と北海道を結ぶ青函連絡船をはじめとした日本海方面の海上輸送は停滞をきたし、海運界のみならず、経済や交通への影響は甚大であった。昭和二十六年五月に、初めて青函連絡船の運航を中止して以来、浮流機雷によって欠航を強いられることがしばしばあったという。

海上保安庁は、これら浮流機雷に対する措置を急ぎ、青函連絡船には、海上保安官を機雷処分員として同乗させることにした。極寒の中、銃を持ち、外に立って浮流機雷の存在がないか目を光らせていたという。実際に体験した人に聞くと、二人で乗り組み、交代で見張るということであった。津軽海峡がどんなに長く感じたことだろう。

こうした中、海上保安庁がこれらの機雷の浮流経路を総合的に検討したところ、北朝鮮南部付近に敷設されたソ連製機雷とはっきり認定できたため、適切な措置をとるよう要望したと言うが、当時まだ日本はソ連と国交がなく、まともな反応はなかったらしい。

昭和三十二年に、再度、積極的な措置を要請し、外務省が同年の六月二十一日に駐日ソ連大使館に対して申入れをしたものの、十月七日になって大使館からの返事があったが、

「ソ連沿岸水域の機雷による危険地区を掃海するまでに、嵐のため一部の機雷が流出している。ソ連沿岸においても浮流機雷の継続的な捜索処分を行なっている」

という、木で鼻を括るがごときものであった。外務省はこの後、どのような言葉を返したのだろうか。

それにしても、米軍の機雷と格闘し、やがてソ連製の機雷にも苦しめられたわが国は、いつの間にか機雷掃海のエキスパートとなっていった。今や米国も日本を見習うほどだと言うが、その米国は、朝鮮掃海において実に勇猛果敢に機雷に立ち向かった。これを目の前にした日本の特別掃海隊は、終戦から五年が経ち忘れかけていた「ネイビー・スピリッツ」を、思いがけず呼び覚ますことになったのではないだろうか。

その米海軍が残した資料の中に、機雷掃海のマニュアルのようなものがあり、読んでみると、最後にこんなことが書いてあった。

「最も大事な守訓は、全能の神に、その加護と導きを祈ることである」

と。つまり、どんなに頑張っても、そこに機雷がある限り触雷を避ける完全な方法はないのだ。海洋国家の心得として、まずは、機雷を自ら撤かねばならないとか、あるいは、撤かれてしまうという切羽詰った事態に陥らない。そこに尽きるということを、この一言は示唆しているように見える。

10 忘れ得ぬ男

「引揚者の皆さん、長い間ご苦労様でした。ご無事の帰国をお祝いします」

駅ごとに掲げられていた横断幕に記されたこの言葉を、中谷藤市はぼんやりと眺めていた。

引揚列車に揺られながら、何を考えるでもなく、ただ窓の外を見ていると、いつの間にか、懐かしい故郷、山口県の景色が迎えてくれていた。瀬戸内海の、子供の頃から見慣れていた風景に違いなかった。確かに、故郷に帰ってきたのだ。

途中の駅で、婦人会や学生であろうか、疲れ切った引揚者たちに温かいお茶を差し出して、

「お疲れでしょう、大変ご苦労様です」

と、声をかけてくれる。今までにこのような美味しいお茶を飲んだことがあっただろうか。藤市は、生涯忘れられない甘露の香りを心ゆくまで味わった。

それにしても、南満洲鉄道のあの長い区間距離に慣れていたせいか、駅と駅の区間が妙に短く感じて仕方がない。あっという間に次の駅に到着する。大陸的な感覚が染み付いてしまったと、つくづく感じた。

戦争中は満洲で、スパイ暗号無線電波を監視する無線電波局に勤務していた。関東軍傘下の満洲国警察の防諜機関である。終戦時、弱冠十八歳、満洲での脱出、逃亡、飢餓、投獄、無残に死んでいく同胞の姿が、走馬灯のように浮かんでくる。ただただ故郷に帰ることだけが望みであったが、それらの幻影が浮かんでは消えるばかりで、まだ喜びを実感できない。

山陽本線「柳井港駅」のホームに「ガタン」と鈍い音とともに停車したのは、昭和二十二年の元旦、それも午前四時のことであった。冬の朝はまだ明けていない。ホームに降り立つと駅頭で人々の吐く息は白く、耳が冷たい。しかし、藤市にとってはまことに暖かい冬の朝であった。なにしろ、一カ月前、奉天から葫蘆島に向かっての引揚列車の走行中には有蓋貨車の天井と側壁に、零下三十度の霜がびっしりと張り付いていたのだ。それと比べたら、日本の冬は、いかに暖かいことか。

山口県大島郡が藤市の郷里であった。瀬戸内海に浮かぶ島で、気候は温暖にして風光明媚、農漁業を主体とした近郊では最も大きい島である。ここに帰るためには、どうしても渡船を利用しなければならないため、藤市は港へと歩き始めた。駅から歩いて五分足らずの港へ着くと、さすがに第一便の出港時間は午前七時である。止むを得ず駅の小さく殺風景な待合室に行き、ベンチに腰かけて三時間の待ち時間を過ごすことにした。

早朝とはいえ、駅に出入りするモンペ姿の女性、旧陸軍の軍服をまとった男性が絶えない。その人々の顔には食糧難の生活苦は刻まれているが、直接、生命の危険を感じているといった憂いは微塵も見られなかった。いつ危害を加えられるかもしれない、常に緊張の中にいた、あの引揚船に乗るまでの満洲での日々を思うと、「ああここは日本なのだ」と改めて感じ、こうして何の警戒感もなく、ベンチに腰をおろしている平穏さが夢のようであった。

そんなことを考えていたら一時間がたった。次の列車が到着し、こんなに朝早いのに、随分と人が降りて来る。

気づくと、いつの間に列車から降りたのだろうか、向かい側のベンチに水兵の服を着た者が二人座っていて、リュックから何やら取り出し、パクパクと食べ始めた。藤市は空腹に耐えかね、思わず目が釘付けになった。乾パンらしいが実に美味しそうである。目をそらしても、どうしても視線が行ってしまう。浅ましいと自分を諌めながらも、抑えることができなかった。

一方、相手はそんな葛藤にはまったく気がつかずに乾パンをほうばっている。

「オヤ?」

食べ物に目を奪われていた藤市は、初めて片方の青年の顔を見た。

「どこかで見た顔では……」

二人のうちの一人とはどこかで会ったことがある。しかし、思い出そうとしても、どうしても思い出せない。そのうちに、

「ひょっとしたら、アイツ、坂太郎じゃ……」

無理もなかった。弟の坂太郎とは、四年前、藤市が満洲に向かった際に別れたきりで、その当時、まだあどけない小学生であった。今、目の前にいる青年は、それよりもずっと身長も高く、顔かたちも、成長期ということもあり随分変わっているようだが、しかし、わずかな面影に見覚えがある。

「もし、間違っていたら悪いが、君……、坂太郎と違うか？」

そう、声をかけると、鳩が豆鉄砲を喰らったような顔で目をパチパチとしばたかせている。兄のことを忘れたわけではないだろうが、今、声をかけている男は、自分の知っている兄とはまるで別人のような、ボロボロの薄汚れた外套にヨレヨレのリュックサック、痩せこけた顔、伸び放題の頭髪という惨めな男である。

しばらく二人の間の時間が止まったようであったが、やがて「なんや……」坂太郎はベンチから立ち上がった。

「兄貴じゃないか！　どうしたんや、満洲から帰ったんか？　みんな心配してたで！」

何から話せばいいのかわからない。藤市には、今日までの苦難の日々、目の前で死んでいったあまりにも多くの人たちのこと、到底、すぐには語りつくせない事々がこみ上げてきたが、それが、言葉

にならない。二人は、ただ手を取り合って、強く握り締めた。なんという偶然、なんという幸運、藤市は張り詰めていたものが一気に解ける思いだった。

航路啓開に従事していた坂太郎は、下関から正月休暇の帰省のため、友人と一緒にこの駅の待合室で連絡船を待っていたのである。

幼いころから海軍に憧れ、昭和二十年四月、小学校卒業と同時に、大竹海兵団に少年志願兵として入団したことは藤市も知っていたが、戦争が終わってからも、そのようなことをしているとは、動乱の大陸を脱出してくたびれきっていた兄としては、その弟の若い活力、成長した体格にただ感心するばかりであった。矢継ぎ早に両親や兄弟の無事を確かめ、終戦後の近況を手短かに話していると、朝の一番の連絡船「ぽんぽん船」がやって来る。

どこまでも青い海と、久しぶりに見る大畠瀬戸のうず潮が、藤市には、満洲のあの渦中で翻弄されていた自分自身を物語っているように思えてならなかった。

敵の手が及び、「生きて虜囚の辱めをうけず」と、目の前で咄嗟に汽車に飛び込んだ仲間、自分も死のうと、五十度の酒に砂糖を入れて急いで飲み干してみたが、意識を失い倒れ、死にきれず捕虜となり、半年間の監獄生活の日々。

うず潮は、そんな藤市の苦しみ悶えた日々や、悲しみも、全て引き受けてくれるかのように見えた。四年前に旅立った時、両親に見送られ、連絡船から眺めたあのうず潮と少しも変わっていない。まるで何事もなかったかのようだ。しかし、それをぼんやり眺めている自分は、あの頃とはあまりにも変わり果てた姿になってしまった。

瀬戸の小島に大きなエンジン音を響かせながら、しかし、船脚の遅いもどかしさの中、やっと戸田の港に到着する。ここから小さな伝馬舟で桟橋に上陸し、またさらに約四キロの山越えの道のりであったが、「一刻も早くわが家へ」と足取りは軽い。

惨めな引揚姿ではあったが、故郷の村に入ると、

「お元気で引揚げられて、おめでとうございます」

と、皆、心から祝福してくれる。

小学校の同級生であった原田サカエの母親に会い、早速丁寧な祝福の言葉をもらったので、

「サカエさんは、お元気ですか?」

と、尋ねると、途端に顔を曇らせ、

「サカエは、広島で多くの人々と一緒に、ピカドンで死にました」

と言う。

藤市は、日本に原爆が投下されたことを知らなかった。この時、「ピカドン」が何の意味か理解できなかったが、それを聞き返すこともできない。ただ、自分はこうして生きて帰国したのに、美人で成績優秀、皆の憧れの的であったサカエさんが……と、思うと返す言葉がなかった。

人の生死を分かつものとは、一体何だろうか。数え切れない人の死と直面し、極限状態を生き抜いてきた藤市にとって、無事で待っているはずだった故郷の人の悲報が重くのしかかった。

しかし、もう、これからはそんな心配もなく暮らしていける。戦争は終わったのだ。その思いが藤市を励ました。

弟からの手紙

藤市の弟、中谷坂太郎は昭和四年十月十五日、周防大島のみかん畑と、青く澄み切った海という、豊かな自然に恵まれた環境の中、六人兄弟の三男として生まれた。食糧難の時代ではあったが、この広大な自然の中でのびのびと育ち、子供の頃からガキ大将的な存在、それでいて、年下の下級生に対しては面倒見が良く、慕われていた。小学校の頃は、真冬にもかかわらず上半身裸で整列して校長先生に誉められ、それ以来、寒さを我慢して、いつも裸で整列していた腕白さであった。

なにしろ逞しく、大ケガをしてもすぐに立ち直り、周囲を驚かせた。兄弟で遊んでいたら頭を大ケガし、一気に噴出した鮮血に周囲が狼狽したが、医者には行かず、薬草だけで傷口を完治させてしまったことがある。また、骨折などもあっという間に快癒してしまった。

とにかく怖いもの知らずで、何ごとにも物怖じしない、いつも遊び心と冒険心に溢れていた典型的な「ガキ大将」。母親をいつも困らせていたが、しかし、彼がいると周囲が明るくなった。

そんな、やんちゃな少年時代を過ごした坂太郎はやがて海軍を目指す。

「国のために」という一途な思いであった。強い志を胸に大竹海兵団に入団するも、間もなく終戦。戦地に赴くことのないまま事実上、水兵生活は終わった。

一度、帰郷し、父親の漁業をしばらく手伝っていたが、終戦の翌年、復員省掃海課の瀬戸内海掃海隊員募集のポスターを見て応募し、当時の下関掃海部に就職。念願の海に出たのである。

掃海の仕事で得た給料は、惜しみなく実家に仕送りをし、母親を最も困らせたやんちゃ坊主は、最も家族を助けるようになった。しかし、幼い頃からの性格はどこに行っても発揮されていたようで、掃海仲間たちは彼のことを、「明るくて活発だった」と口を揃える。

一方、命を長らえて、なんとか故郷へ帰り、両親や兄弟との再会を果たした兄の藤市であったが、体力が回復すると、のんびりしているわけにもいかなくなった。一日でも早く仕事に就かなければならないと焦るのだが、それがなかなか見つからない。

そこで昭和二十四年に家を出て、大阪に行き、そこで仕事を探すことを決心する。わずかな所持金を握り締めていたが、汽車賃を使ったら、あっという間になくなってしまった。

知人もいなければ、住む場所のあてもない。乞食同然であった。草履《ぞうり》を拾ってきて履き、橋の下に小屋を建ててそこに住んだ。故郷の家族に心配をかけてはならないと思いながらの日々、知合いの住所を借り、郵便物の宛先にして、届いた手紙などは預かってもらった。

ある日、弟から手紙が届いているという。弟はその頃、神戸で勤務しており、就職の決まらない兄を心配し、「神戸まで米を取りにくるように」と書いてあったのだ。藤市は早速、神戸まで出向くことにした。航路啓開部のある港へ着くと、坂太郎は小さな船で兄を出迎えてくれる。

「漁船なのか」

藤市は、まずそう思った。初めて見る弟の職場、こんな頼りない船で、危険な仕事をしているのか。坂太郎の日焼けした顔やがっちりした腕っぷしを見ていると、自分の弟とはいえ、実に逞しかった。喋り始めると、久しぶりの話は尽きない。そのうち坂太郎は藤市に艇に泊まるようにと言う。兄が躊躇する間もなく艇長に、

「今夜、兄貴が泊まっていきますから」

と、頼んだというか報告したというか、とにかく坂太郎らしい大胆さはここでも健在で、他の皆も、もはや驚きもしない。そんなムードを作ってしまうのであった。

一晩、語り明かし、大阪の心細い暮らしで気が滅入りそうになっていた藤市は、忘れていた明るさを取り戻していた。

そして、大阪に帰ってしばらくすると、藤市に消防局から採用の通知が届いたのだ。すぐさま弟に連絡すると、

「よかったな。兄貴！」

と、弟はまるで自分のことのように大喜びしたという。

やっと仕事が決まり、これで両親にも孝行ができる。藤市が、そう安心した矢先のことであった。坂太郎から妙な手紙が実家に送られて来たのである。海軍無線電報送受信用紙に鉛筆で走り書きしたもので、下関からであった。

「とり急ぎ、乱筆にて失礼いたします。突然米軍の命により朝鮮方面へ掃海船、巡視船二十一隻と行くことになりました。何月居るやらわかりません。正月も家には帰られない事と思います……」

そしてその後すぐに、

「拝啓　いよいよ明日、朝四時下関を出港朝鮮へ向かいます、だいたい三カ月間くらいです。もしものことがあったらと思って服を送りますから、誠にすみませんが、戸田のバスの乗り場の所へ七日頃着くはずですから、此の切符と引き換えに渡してくれますから取りに行って下さい。

朝鮮に行ったら便りも出せないかもしれませんから金も送れませんから、又金は、本部の方においてくれるので送る事もできません。おゆるし下さい。

用件だけで失礼。

くれぐれも体に気を付けて元気でお暮らし下さい。

金が少ないけれど一緒におくりました、千円だけ荷物と一緒。

坂太郎」

とある。とにかく坂太郎は、朝鮮方面に赴くことになったらしい。何か、尋常でないような、胸騒ぎのするような手紙であった。坂太郎が乗船していたMS14号の様子について、機関長だった井田本吉の手記が『海鳴りの日々』に収録されている。

「昭和二十五年十月六日、下関集結、唐戸岸壁は掃海艇で一杯だった。『朝鮮の掃海に従事する』との話について、いろいろ雑音が流れてくる、MS14号艇乗員は余り動揺する者もない。石井艇長、大西航海長とも淡々としておられたし、一致団結で作業する掃海魂で結ばれていた。われわれは、掃海作業が任務と思っていたからだ」

これによると、MS14号では混乱も動揺もなかったようだ。おそらく、坂太郎もやはり同じように考えていたのであろう、朝鮮行きに対しては、「男の仕事やないか」と、潔く覚悟を決めていたという。

現代風に言えば、とても「納得のいく」仕事とは言えない。目的、内容は断片的にしか伝えられず、それでいて多くの不自由を強いられるのだ。文句を言い出したらきりがないほどである。誰かが言い出したら、不満はたちまち洪水のように溢れ出るであろう。

「船乗り」というのは単純に、船に乗っている人のことを呼ぶと思ったら大間違いだと私は思う。

そもそも、彼らは何もかもが人間の思い通りにはいかないことをよく知っている人たちである。ひとたび大海原に出たら波に身を任せるしかない。気分は悪い、ろくに睡眠もとれない、いつ帰れるかもわからない、時には「死」ということさえ無条件に受け入れなければならないのだ。

だからこそ、一日一日を懸命に生きる。そして、天気が穏やかだというだけで、食事が食べられるというだけで、最高の幸せを感じる、その知恵や技を身につけられるのではないだろうか。

運命の日

「らっきょうをたくさん下さい」

十月十六日、厨房員だった坂太郎が旗艦の「ゆうちどり」にやって来た。

「君が食うのだろう」と、からかわれ、嬉しそうに大好物のらっきょうを持って出て行ったという。

これが、「ゆうちどり」で認められた坂太郎の最後の姿となった。

翌、十七日、掃海作業はこの日に一段落することになっていた。

「今日は元山に上陸できそうなので、ごちそうを作らないとな……」

そう言って、坂太郎は準備にいとまない様子だったのを、乗組員は覚えているという。

掃海作業は緊張の中で行なわれていた。前日に米軍掃海艇の触雷を目の当たりにしただけに空気は張り詰めている。

十四時過ぎ、ＭＳ14号は、ＭＳ06号と組んで掃海区海面に突入する。

「全員待避所に待機！」

艇長の令で全員が甲板に集まる。

そして一時間ほど過ぎた頃だった。

「ダーン！」

という耳をつんざくような大音響が轟いた。一瞬のことだった。何がどうなったのかさっぱりわからない。

ブリッジで見張りをしていた測角員の伊藤博は、衝撃とともに意識を失った。気づくと、約四メートル下の左舷デッキの上に投げ出されていた。ラシャの防寒外套に長靴姿。海水が身体を濡らし、起きようとしても体が動かない。アンテナのワイヤが足に絡みついているようだ。そして右腕はだらんとして動かなくなっていた。

伊藤を助けたのは機関長の井田だった。

「十五時過ぎに私は艦橋にいたが、便所に入った。直後、ものすごい音とともに真っ暗になり、前後、左右に振り廻されたようで、何が何だかわからない、無意識のうちに両手を突っ張って、壁に身を当て身体を支えていた。便所内の『あかりとり』の窓がおぼろ月のように見えだした。

触雷したと直感する意識もない。頭の中は『ゴーッ』という音のみが余韻に残り、事に対処する思考力もないまま、生きようとする本能は働く。

まず出口を探す。左手で押さえている扉がすぐわからない。何秒か、何分居たのかわからないが、便所を出て上甲板に出る（後で考えれば、爆発で便所の天井がさけ、板の合わせ目に溜まっていたゴミが、雨にように落ち、ふつうでさえ暗い便所が、一時真っ暗になったものと思う）。

上甲板出口附近は海水がザブザブしている。艇の船尾は水没し、前甲板は高く持ち上がっている。何かつかまっていないと立ってもおれない。海面は重油とゴミがウヨウヨしている。『触雷した』などと考える余裕もない。ただ生きるための行動、本能、生命力は、生死の境のときはすごいものと思う。前甲板よりうめき声が聞こえてくる。伝い歩きして行くと、前甲板で伊藤君（測角員）が倒れていた。声をかけても立ち上がれない。彼を抱えて水際までくる。その時米軍の大発《だいはつ》が、白波けって進んでくる。立ち上がれない伊藤君に『助かるぞ』とはげましていると、大発は二、三十メートルの所を通過して行く。海面は油と木片、ゴミで、どす黒く人の姿も見えないが、大発は泳いでいる仲間を先に救助に行ったのだ。

これがわれわれにはわからない（判断力もない）。大発の通りすぎた波で沈下を早めている艇に、長居はいけないと思い、伊藤君と飛び込むことにした。上の方で声がするので艦橋を見上げれば、艦橋のうしろ側に二人位残っている「早く飛び込め！」と叫びながら、伊藤君と飛び込む。艇より一メートルでも二メートルでも遠くに離れることが、身の安全だと考えたからだ（われわれは「船が沈む時は船より遠くに離れろ」と教えられていた）。波は余り高くないが、油の海で泳いだ。船より離れるため真剣だ。一人程さびしいものはない。生きるしかない、大発が近づいてくる。手を上げるとこちらに廻ってくる。近づいた。米軍人の起重機のような腕でスーッと掴み上げられる。私は助かった」（『海鳴りの日々』）

手記によると、この時、四～五人の仲間と伊藤も助けられている。途端に寒さが全身を襲う。上歯と下歯がガタガタと音をたてて噛み合わず、声も出すことができなかった。

やがて、米特務艦に移される。

「艦上では、震えがますますはげしくなり、立ってもおれず、横になって休む。この時、米軍より温かい飲み物が配られる。これを飲み干すと少し落ち着いたようだ。重傷者は病室へ……ほとんどが大なり小なり負傷している。人員点呼。負傷者のことを、艇長、航海長は自分を忘れて面倒を見ておられた。

衣服はもちろん、身体中油だらけである。気がついて見れば、靴は泳いでいるうち脱げてない。

入浴が許される。被服が支給される。治療を要するものは全員病室へ。被服も全員に上、下がなく、上だけの者もいた。米艦の乗員がとても親切にしてくれる。人間対人間の米兵の真心が有難いと思った」

米軍側は、映画を上映するなど、本当に気を使っている様子だったという。寝台も割り当てられたが、井田は寝つかれなかった。頭の中は何か抜けたようで思考することが難しい。しかし、安心したのもつかの間、思いがけないことがわかった。

「中谷君がまだ救助されていない！」

まさかと思った。甲板上から放り出されたとしても、あの坂太郎なら助かるはずだ。しかし、誰かが、彼が触雷の直前に後部の船倉に降りて行くのを見たという。何かを思い出したように、急いで降りて行ったらしい。そうなると坂太郎は甲板におらず、船倉にいたことになる。だとしたら、あの触雷ではひとたまりもない。

「陸岸にでも泳いだのか、と思いながら不安もある。死んだなんてことは思わなかった。彼も艦橋に確かにいたという者がいたからだ。ベッドの負傷者はうなっている。はげますことしかできない。われわれも床につくが寝つかれない」

翌日、全員駆逐艦に移され、佐世保に帰ることになった。

重傷者以外はだいぶ元気になり、艦は出港した。海は何もなかったように波打っている。僚艇が彼方に見える。中谷坂太郎は絶望的だと聞かされたものの、どうしても信じることができない。彼を残して行くことが辛い。しかし、ベッドの上の重傷者が艦の震動で傷が痛みだし、唸り声をあげているのを聞くと、一分でも早く、内地の病院で治療をさせなければという、その一心であった。

幹部には寝台が割り当てられたが、負傷者に全て明け渡し、艦が速力を増すほどに振動のため唸り出す彼らを、大西航海長を中心に一晩中、看病にあたった。

そして、十九日に佐世保に到着。負傷者は佐世保共済病院へ運ばれ、元気な者は、用意された山田屋旅館へ行くことになった。

「目抜き通りをハダシでシャツ一枚のヒゲもじゃの男たちが十四、五名歩いたことを思うと今でもおかしい思いがする。

山田屋でもそれはそれは親切にしてくれた。本部から、被服、下着、日用品、当座の現金等準備されていた。油でよごれた身体を風呂で流す。二、三人も入浴すると油が浮いて、次の人はまた風呂をたき直す始末だった。床屋に行く者、私物を買いに行く者、久し振りの畳の上である。皆余り語りたがらないが、掃海魂は脈々としていたと思う」（『海鳴りの日々』）

と、井田は記している。「掃海魂が脈々としていた」というのは、この時、彼らのほとんどは意気消沈するどころか、むしろ、もう一度、戻って掃海を続けたい、そして残してきた仲間を助けたいと望む者ばかりで、中でも石井艇長は、

「俺は中谷の遺体を見てない、まだ生きて、助けを待っているかもしれないじゃないか」

と、どうしても戻ると言って、その後、再び元山に赴いている。

そんな中、井田は自身の目が、どんどん腫れてきていることに気がついた。触雷した時に便所の中

でゴミをかぶったのと、重油の海の中のゴミとで知らず知らずに目をやられていたのであった。米軍艦に収容されているうちは、負傷した部下の看病で緊張していたのか、何も感じていなかったのだが、左目の視力が急激に〇・三くらいに落ちてしまい、呉で治療後、自宅療養を余儀なくされた。

知られざる「戦死」

十月二十七日、坂太郎の告別式が営まれた。

「瀬戸内海で死んだことにして欲しい……」

事故から一週間後、坂太郎の両親のもとに、米軍の情報将校らしい大佐が通訳と一緒に来て息子の訃報を告げた時、このように言ったという。日本の憲法九条とのからみもあり、国際問題になることを避けるためのことであると説明された。

父親の力三郎は、かつて陸軍の近衛兵であり、「軍人らしい軍人だった」と藤市は振り返る。息子が、学校を出てすぐに颯爽《さっそう》と海軍を志願したその志を思うと、たとえ戦後になってからの死と言っても、それが国家のためなら、そしてその事実を公表しないことが国の助けになるならばと、黙って申し出を受け入れた。

大阪消防局に勤務していた藤市も知らせを受けた。聞けば、殉職した日は、十月十七日、二十一歳になった誕生日の二日後だという、一層の悲しみに襲われた。

「坂太郎……」

誰にも、死の真相を話すことはできない。ただ、名前を呼ぶことしかできなかった。これまでどんな大ケガも克服してきた弟が、今にも、「大丈夫だよ。兄貴！」と、元気一杯に駆け寄ってくるような姿が、今はない。

海上保安庁葬として、呉海上保安部で営まれた葬儀にはＭＳ14号の乗組員が皆、心からの冥福を祈ったが、彼らが共に朝鮮に赴いていたことは一切口にすることはできなかった。厳重に口止めされていたのだ。

元山の海に散った中谷坂太郎氏

「十分な補償はさせてもらう」
と、米軍将校の約束どおり、弔慰金として家族には約四百万円が支払われたという。現在であれば、二億円ほどの大金であった。朝日新聞の『空白への挑戦』には、その時の様子を記した、第六管区海上保安本部（広島）航路啓開部長、池端鉄郎の手記が掲載されている。

「授与式は六管の部長室で行なわれた。力三郎は無言のまま軽くうなづいて、この金を受け取った。後ろ姿に計り知れない寂しさを感じた」

とある。

いわば息子の死に対する「口止め料」、そのお金を黙って受け取る親の心境とは、いかばかりだったか。その後、間もなく、心労から母親ハナは亡くなり、半年後、力三郎も後を追うように息を引き取った。

「靖国で会おう」という約束

兄の藤市は悲しみの連鎖を乗り越え、残された人生を弟の分まで懸命に生きるしかなかった。

大阪の消防局に三十五年勤務した間、幾人もの人助けをし、数々の表彰を受けた。しかし、自分の血を分けた弟に、何もしてやれなかったという思いが消えることはない。消防官になりたてだった藤市は、坂太郎の葬儀にすら行くことができなかったのだ。自分がいなくなったら、「日本のために」と死んでいった弟のことを、この日本で一体誰が、思い出してやるのだと思うとやりきれない。

実は、亡くなった坂太郎は、昭和五十四年に「戦没者叙勲・勲八等白色桐葉章」を受けている。これは、朝鮮戦争当時の海上保安庁長官だった大久保武雄が尽力したことによる特別な計らいであった。この没後三十年経った叙勲を節目に、藤市は、ある決心をした。

「戦没者」への「叙勲」なのだから、このことで弟の「戦死が認められた」と認識することは当然と考え、「靖国神社への合祀」を強く望むようになったのだ。

戦争中、「靖国で会おう」と、多くの若者が誓い合った。それは、自分が戦死してしまっても、この場所で会えるという約束だった。家族に、あるいは子孫を残せなかったとしても、「後に続く者たち」が、ここに来て彼らを思い出すことができる、そういう場所なのだ。

坂太郎も、そうした純粋な気持ちを抱いて海軍を志願し、戦後の掃海作業も、彼にとっては、戦争中の想いの継続に他ならなかった。ならば、彼は遅咲きの九段の桜とはなれないだろうかと、考えたのだ。国のために「戦死」したのであれば、靖国神社に祀られるのは道理である。それこそが、海軍魂をもって異国の海に散った男の本懐《ほんかい》であろうと、藤市は靖国神社に弟の合祀を申請する決心をしたのである。

そこでまず、朝鮮特別出動隊の公式記録を探してみるが、全てが焼却処分され、手に入れることはできない。さまざまに知恵を絞り、足を運び、長年かけて弟の「戦死」を証明するに足りる資料や証言を探し続ける日々が続いた。そしてとうとう故郷の除籍謄本に行き当たったのである。

ここには死亡の日時と、場所（北緯〇〇度……と、殉職した元山の正確な位置を示している）が記載されており、これこそが、朝鮮戦争中に戦場で死んだことの証明になると、戦没者叙勲も合わせて根拠を提示し、合祀を申し出たのである。

しかし、その申し出は受け入れられなかった。

それはなぜなのか。このことに対しては、靖国神社に対し「寛容な判断と再考を求める」といった報道が多く出ている。

弟坂太郎の靖国神社合祀を熱望する兄の中谷藤市氏

確かに、靖国神社に「合祀しないで欲しい」と訴える人がいる中で、せっかく「合祀して欲しい」と言っているのだから、願いを叶えることはできないのかと考えるのは自然であろう。

しかし、問題はそのような単純なものではなかった。この願い出には大きな問題が内在しているのだ。そして、それは日本人の今後の課題とも言える問題なのである。

靖国神社、苦渋の決断

まず、靖国神社がいかにも杓子定規にこの申し出を取り扱ったような印象を持たれているが、取材をしてみると、実際は違っていた。

靖国神社には、現在でもいくつかの合祀申請があり、それに対し、一つ一つの事案を細かく検討したうえで、毎年八月に協議が行なわれている。これら全ての案件に対し、神社側が収集した資料等の量などから鑑《かんが》みると、私の想像以上に、真摯に調査を行なっていたことがわかった。

そして、神社側の本意は「できることなら合祀したい」というものであった。また、だからこそさまざまな資料を収集し研究したのだ。これは、私の知る限りどこにも報じられず、また、神社としても言い訳がましいことは一切発言しなかったようである。

そもそも靖国神社が合祀しているのは、大東亜戦争に関わり戦没した人までであり、それも勝手に決められるわけではない。厚生労働省から該当者の「戦没者身分等調査票」が送られるというプロセスを踏む場合と、いわゆる合祀もれといって国の記載にない時は兵籍簿あるいは医師の診断書に「公務死」と認定された場合のみ合祀することが可能になるのだ。

ここでよく聞かれるのは、靖国神社は「宗教法人」であるから、独自の判断で合祀するしないを決められるではないか、という声である。確かに、理論上はその通りなのだが、これは靖国神社がなぜ「宗教法人」になっているか、そこから説明しなくてはならない。

これは、そもそも占領政策における「神道指令」に端を発している。これにより靖国神社は一宗教法人として登録するか、さもなければ解散かという選択を迫られた。そのあたりの経緯が詳しく記されている『靖国神社と日本人』（小堀桂一郎著）では、「緊急避難的に宗教法人としての登録をすませた」とある。昭和二十七年四月以降、日本は主権を回復したものの、靖国神社が宗教法人であるという法律上の性格を、俄《にわか》に変えることはできず、現在に至っているのだ。しかし、これは靖国神社の性質上、そのあるべき姿とは言えないわけで、やはり、いずれは国家護持あるいは、国民全員が守る神社として存続されるのが自然なのである。

つまり、靖国神社は現在は一宗教法人とはいっても、国としての体制さえ整えば、いつでも国家護持もしくは国民の神社に移行できるように、国家の方針と歩調を揃えておく必要性があるのだ。

ゆえに、仮に神社として「この人をお祀りしたい」と考えたとしても、国がそれと認定しない限り、勝手にはできないというのが靖国神社の立場なのである。合祀に関して、一つの例外を作ってしまえば、こんどは「合祀取消し」や「分祀」に対してもさまざまな声があがり、混乱を極めることが想像に難くない。この混乱を避けるためにも神社としては国の意向に沿わざるを得ないのだ。

では、どうしたら今後、靖国神社に祀られることが可能になるのか。

それは国が「戦死」したと認めれば、その御霊は靖国神社に合祀されるのだが、日本は現憲法によって戦争を放棄している。それゆえに「範囲は大東亜戦争まで」となっているのである。

中谷坂太郎が所属した海上保安庁は「非軍事組織」（海上保安庁法第二十五条）であり、現憲法下では、日本には「戦死」はあり得ないことになっているので、非常に難しい（現憲法は、米国のおしきせ憲法だから全て無効である、ということになれば話は別だが、そうなると、今日までなされた裁判など、現憲法下で執り行なわれた全ての事々まで無効になってしまうので、とても現実的ではない）。

そして、米陸軍の公刊戦史によると、

「マッカーサーは、これらの掃海艇の使用は雇用契約によるもので、戦闘目的ではなく人道的目的で運用された」

と、国防省に報告したことになっている。こうしたことから、日本の特別掃海隊は、極東海軍司令官の要請による掃海作業であったとはいえ、国連軍においては「臨時雇用部隊」と理解されているのである。

ちなみに前述した通り、朝鮮戦争当時、国連軍には「個人契約」で雇われていた日本人も相当数おり、上陸用舟艇の乗員など主として港湾関係で就労していたようだが、そうした中で死亡した人数は二百名を下らないとも言われている。ただし、こうしたケースと、特別掃海隊が出動した際の意思決定過程はまったく異なるもので、掃海部隊も同じように「雇用」という類別をするのは些か無理があるように思われるのだが……。

ちなみに、昭和二十年九月三日以降であっても、「掃海作業・復員船乗組員で内地港湾での事故爆弾処理等、危険を伴う作業中の事故、進駐軍の指令に基づき航空機渡航中の事故による死歿者は（靖国神社に）合祀する」と、定められており、戦後、航路啓開作業中に「内地で」亡くなった人（海上保安庁の所管となるまでの期間で、遺族がその旨を申し出、厚生労働省から名簿が送られた場合）は合祀されているため、これも事情を複雑にしている。

そして、「戦死」と認定されるべき根拠として、挙げられている坂太郎の「戦没者叙勲」であるが、これは、彼の死を何とかして「戦死」と認定してもらい、靖国神社への合祀を切望した大久保の特別な配慮であり、いわば「超法規的措置」であったようだ。

大久保は文官とはいえ、戦う者たちの心情を解していた人物であった。国事に殉じた一青年を国家として慰霊・顕彰せず、それどころか、闇に葬らざるを得なかったことを、責任者として生涯、背負い続け、三十年後になって、やっと、せめてもの叙勲に漕ぎつけたのだ。自ら大阪の中谷藤市宅に赴き、万感の思いを胸にして、仏壇の遺影に勲章を供えている。

慰霊・顕彰のあり方は曖昧なまま

今、藤市の願いは、

「弟が靖国神社に祀られるのを、この目で見たい！」

という唯一つである。靖国神社側の回答には、「朝鮮戦争にあっては現在のところ合祀基準外となりますことから合祀できないとの結論となり……」とあり、この「現在のところ」という文言に藤市は一縷《いちる》の望みをかけているのである。

では、靖国神社の「これから」は、どう変わるのか。

実は、このことは、単に中谷兄弟の物語としてではなく、私たちその他の日本人も、日本の今後に関わる重大な宿題を突きつけられていることを、理解する必要がある。

それは、私たち日本人が、国に殉じた人たちをどのように慰霊・顕彰するのかということだ。

数々のＰＫＯやイラク派遣に至るまで、現憲法下では「非軍事組織」である自衛隊は「もし、そこで死んだら」どうするのかという答えを持たないまま、政府に送り出された。

「死なない」ということが大前提なのである。

しかし、「死」を想定しない武装組織などあり得ない。これを否定したり、思考することさえ忌避するのは、まことに冷酷非情なる現実逃避にほかならないのだ。

防衛庁が防衛省に移行したのに伴い、自衛隊の国際貢献は付随的任務から本来任務になった。憲法九条が世界に誇る平和の象徴だと言っても、異国の暴徒の前には何の機能も果たさない。武器の使用に関しても議論が煮詰まっていないまま、わが国の国際貢献は新しい局面を迎えようとしているのである。

今こそ、日本は、国のために命を落とした場合の、国としての処遇（それは遺族に対しての補償という問題だけでない、顕彰という意味での）を、はっきりさせるべきであろう。

中谷坂太郎の死は秘匿された。それは、この朝鮮戦争における特別掃海隊の活躍は「憲法違反」の疑いが拭えないからであった。翻れば憲法九条が、国のために散った青年の存在を世に出すことを阻んだのである。

そろそろ、欺瞞から卒業する時期ではないのだろうか。

「ある女性」のこと

ところで、藤市がＭＳ14号に一泊し、坂太郎と一晩語り合った時、坂太郎から、一人の女性の話が出た。弟は、はっきりとは言わなかったが、兄としては、坂太郎がその女性と一緒になるつもりなのだと感じたという。しかし、その時は、佐世保に住んでいるということ以外、名前も連絡先も聞かなかった。

坂太郎の死後、藤市は、いろいろと手を尽くしたが、その女性を探すことはできなかった。

実際に、将来の約束をしていたかどうかはわからない。しかし、その女性は、極秘任務であった朝鮮掃海に、坂太郎が赴いたことも知らないだろうし、死んだことも知らされず、弟を待っていたのではないか、そう思うと胸が痛んだ。

そこで私は、ＭＳ14号が触雷沈没した当時の航海長、大西道永を訪ねてみた。大西は海軍兵学校七十四期で元海軍少尉、戦後は掃海作業に従事し、その後海上自衛隊へ、部下からの人望厚く、またいつでも部下たちに気を配る人物であったと聞いていた。ＭＳ14号の触雷時も、徹夜で負傷者の看病にあたっている。その大西には、坂太郎は自分の気持ちを話していたのではないかと思ったのだ。

大西によれば、二人は「結婚しようと考えていたはず」だという。その人は佐世保の仏壇屋の娘だったとのことだが、やはり具体的なことはわからなかった。

日本の独立を早めた朝鮮掃海

こうして一名の「戦死者」、十八名の負傷者を出し、特別掃海隊は任務を終えた。帰国した隊員に対して大久保長官は、このように訓示した。

「今回、諸君がとられた行動は、今後日本の進むべき道を示したということであります。日本特別掃海隊の活動は、新しい日本が今後独立して国際社会に入るとき、民主国家として何をなすべきかということを、行動をもって示したものであります。

日本が将来国際社会において、名誉ある一員たるべきためには、手をこまねいていては、その地位を獲得するわけには参りません。名誉ある地位を得るためには、私達自らが、自らの努力により、その汗によって、名誉ある地位を獲得しなければなりません。

今回諸君は、あらゆる困難のもとに、これを克服して偉大なる実績をあげ、国際的信頼をかち得るとともに、日本の進むべき方向を確認しました。今度の壮挙は、実に新生日本の歴史上永く記録さるべきものであります」

また、米極東海軍司令官ジョイ中将は、

「朝鮮水域掃海に関する当方の要望に対し、迅速に集結、進出準備を完了し、即応態勢をとられたこと、貴下部隊の優秀な掃海作業、ならびにその協力は、私のもっとも喜びとするところであります。酷寒風浪による天候の障害、国連軍協力による相互の言語の相違、また補給、修理等に関して幾多の困難が横たわっておりましたが、関係者の克己、忍耐、努力により、また田村本部長の適切な指導の下に、これら困難は全て克服されたのであります。私は喜びにたえず、ここに大久保長官から関係各

今回初めて公開された「朝鮮動乱特別掃海史」。この資料には朝鮮半島沖の機雷処分に関する詳細な記録が記されている

位に賞詞を伝達方依頼いたします。『ウエルダン』天晴れ、まことによくやって下さいました」

と賞賛したという。「ウエルダン（Ｗｅｌｌ　Ｄｏｎｅ）」は、米海軍の最大級の賛辞であった。

昭和二十六年三月三十一日、対日講和条約草案が示された。それは、外務省などが予想したよりも遥かに日本に有利なものであった。これには、東西冷戦などさまざまな国際情勢の影響も考えられるが、バーク少将は大久保長官に対し、

「海上保安庁掃海隊が朝鮮半島で国連軍を援助したことは、国際的にきわめて有意義であった。今回の海上保安庁の業績は高く評価されており、私個人の考えでは、日本の平和条約締結の機運をぐっ

早める効果をもたらしたと思う」

と語っている。このことから、日本の掃海部隊の活躍が、サンフランシスコ講和条約を想像以上に有利に運ばせたことは間違いないと言える。

日本の独立を進めたのは、彼ら掃海部隊であったと言っても決して過言ではないのである。

（中谷藤市のエピソードは、その手記『動乱の満洲から帰国・掃海艇と運命を共に』による）

11 海上自衛隊誕生前夜

朝鮮戦争は「休戦」という形で、とりあえず幕を下ろした。この戦いによって、実戦参加した国は、いたずらに兵力を消耗し、大きなダメージを受けることとなる。そんな中、思いがけない経済的恩恵を受けた国が、日本であった。

博多や北九州では、前線から一時帰休する軍人目当てに夜の街が繁盛し、八幡製鉄所が増産にふみきり、マンホールの蓋が盗まれるほどの鉄屑ラッシュがおきた。「金へん景気」や、化繊ブームよる「糸へん景気」などという言葉が生まれ、兵器メーカーのニーズも高まったため、それが町工場にも影響、この朝鮮戦争特需により、仮死状態であった日本経済は息を吹き返したのである。

パチンコブームも起きた。名古屋の工場で、ピレット弾という、飛行機から撒布する尾翼つきの弾が大量に作られていたが、作りすぎてそれをもてあましてしまい、その弾が「パチンコ玉」となったのだとか。まさに朝鮮戦争の落とし子であった。

そして、朝鮮戦争の及ぼした影響はパチンコだけではない。駐留米軍の出兵で空洞化した日本の兵力を補うため、「日本の再軍備」が現実味を帯びてきたのである。

マッカーサーは日本に対し、「日本の社会秩序維持を強化するため、現有十二万五千人の日本の警察隊に、七万五千人のナショナル・ポリス・リザーブを増員し、八千人の海上保安官の増員を許可する」という命令を出してきた。

「許可する（オーソライズ）」と「命令（オーダー）」とは、矛盾するではないかと叱られそうであるが、『自衛隊はどのようにして生まれたか』（永野節雄著）によれば、これは米国が対日政策を変更して日本再軍備布石のための押付け命令を糊塗《こと》するためだったとする見方があったといい、ともかく許可とはいっても、ＧＨＱの命令に等しかったのである。

「ナショナル・ポリス・リザーブ」とは一体何なのだろう？　と、日本側としてはよく理解できなかった。「ポリス」と言うからには警察力の増強であろうと解釈した。いずれにしても当時の、戦後日本に蔓延した厭戦気分、軍国主義に対する嫌悪感を考えれば、「日本の再軍備」などとは到底口に出すことはできない。

ゆえに、これは「警察予備隊」と訳され、マッカーサーの指令からわずか一カ月で「警察予備隊令」（ポツダム政令第二百六十号）が持回り閣議で決定したのだ。

この「警察予備隊令」を作成する段階で、何度もGHQと折衝を重ねた日本政府関係者は、だんだんと「ナショナル・ポリス・リザーブ」とは、どうやら警察ではないらしいと気づく。警察予備隊の創設準備を担当する機関となっていた国家地方警察本部の海原治企画課長は、米軍から渡された編成、装備表を自宅に持ち帰って、蚊帳の中で翻訳してみて、初めて「これは警察ではない、軍隊だ」と認識したのだという。

マッカーサーは上陸作戦にこだわっており、駐留米軍はこぞって投入されることになった。日本はもぬけの殻、警備兵力はゼロとなる。表向きにはできないが、その穴埋めがどうしても必要であった。特に極東ソ連軍の侵攻が危惧される北海道に警察予備隊の名称のもと、軍隊に等しい重装備部隊一万人ほどを配置することが必要だったのだ。そしてこれが、陸上自衛隊の前身となるのである。

そして、海軍の方はどうだったか。

昭和二十五年七月にマッカーサーが出した「海上保安官八千名の増員」は朝鮮半島への特別掃海隊派遣があったために、翌年に持ち越された。そんな中、米海軍と日本の旧海軍軍人を中心に、再軍備の動きが具体的に進められ始めていたのである。

日本側では在野の旧海軍軍人、第二復員局の旧海軍軍人、海上保安庁職員など十数名で構成された「Y委員会」が発足、新海軍創設のためのさまざまな準備を進めていたのだ。

なぜ「Y委員会」と呼ぶかというと、ジェイムス・アワー著『よみがえる日本海軍』によれば、秘密保持のために戦時中の略符号を付けたものであるという。陸軍はA、海軍はB、民間をCとしていたことから、本来は「B委員会」となるわけであったが、Bはアルファベットの二番目なので、その逆順にすると、Zの次のYとなる。そこで、「Y委員会」と名付ければ、政府関係者で誰かがこの委員会に反対を唱えた場合、「Y」はメンバーの中心的人物であった「山本」および「柳沢」の頭文字を取ったのだと、簡単に説明がつくためだったという。

この「Y委員会」は、昭和二十七年の年初から本格的に審議を始めたが、新組織を海上保安庁内に吸収するのか、分離させるのかで意見が割れた。旧海軍関係者は、海上保安庁は軍隊に必要な精神的要素を欠いているとして、必要なのは、誰疑うことのない「海軍」であると考えていたのだ。

そして、とりあえずは、軍事的機能を持った組織を、海上保安庁を仮の宿として立ち上げることになり、これが「海上警備隊」と名付けられたのである。

「海上警備隊」新設を盛り込んだ海上保安庁法改正案は、昭和二十七年三月二十五日に国会に提出され、四月二十三日に可決・成立。二十六日に公布・施行され、まずは海上保安庁の機関として、庇《ひさし》を借りた形で誕生した。

募集は、定員六千三十八名で、このうち三千人は海上保安庁と第二復員局から採用され、そのうちの千七百名は海上保安庁の中で掃海にあたっていた人々がそのまま移行した。そして、その他を一般から募集することになったが、なにしろすぐに艦艇の乗員になり得る能力が必要であったので、旧海軍の軍歴を持つ者が歓迎されることになる。

募集が始まったのは、四月二十八日で、この日、平和条約が発効して日本は主権を回復、全ての軍人の公職追放が解除されたため、多くの旧軍人が応募してきた。つまり、この組織は、事実上は大半が旧海軍軍人ということになったのだ。

『海上自衛隊はこうして生まれた』（NHK報道局「自衛隊」取材班）には、この時、入隊した人々の思いが紹介されているが、「海軍ができるんなら、ぜひまた行ってやりたい」（中村悌次・元海上幕僚長）、「『おい、どうも今度またネイビーが始まるぞ』っていうわけで、それですぐ志願したわけですよ」（玉川泰弘・元在米防衛駐在官）というもので、やはり旧海軍軍人の誰もが、この海上警備隊の発足を、将来の海軍であると信じて疑わなかったことがわかる。

そしてこの頃すでに、発足していた警察予備隊と海上警備隊を統合して保安庁を新設する法案が準備されており、第十三回通常国会に「保安庁法案」として提出されている。

日本が占領から解放され、主権を回復したその頃、国内でも「独立国にふさわしい軍隊をもつべき」との意見が高まっていた。朝日新聞の「独立国となった場合の自衛軍の創設に関する賛否」の世論調査では、賛成七十一%、反対十六%と出ていた。一方で、革新陣営は「戦前の軍国主義の復活になる」と激しく反発。「保安庁法案」は国内政治最大の争点となり、難航を極めることになったが、結局「保安庁警備隊」の発足に至ったのである。

軍隊のようで軍隊でない組織、生まれる

海上保安庁が担当していた「海上における機雷その他の危険物の除去およびこれらの処理」は警備隊が担当することになった。この「保安庁警備隊」には、米国からフリゲートや上陸支援艇が貸与されることになっていたが、この時点ではまだだったため、主兵力は掃海部隊ということになった。掃海部隊の活動は、朝鮮特別掃海隊や、浮流機雷対策などに多くの労力が使われたが、全国各地から要請されていた掃海要望海面は八十四カ所あり、未掃海面はなお約二万五千八百八十平方キロであった。警備隊になってからも、彼らはそれらの航路啓開活動も着々とこなしていった。大忙しの掃海部隊であったが、実はこの他にも大変重要な任務を担っており、現在でも受け継がれているものが災害派遣活動である。

『日本の掃海』収録の「海上自衛隊時代」（平間洋一元防衛大学校教授）によれば、災害派遣行動に最初に出動したのは、掃海部隊であったという。

昭和二十八年六月二十五日から降り始めた雨は四日間に渡り、九州各地に集中豪雨をもたらし、死者・行方不明者千二百名、総被害者数百八万名という大きな被害を出したが、この災害に、保安隊（警察予備隊が衣替えしたもの、現在の陸上自衛隊）や、誕生早々の警備隊からも西部航路啓開隊（大阪、

昭和34年の伊勢湾台風災害派遣に出動し、住民を避難させる海上自衛隊
(提供＝海上自衛隊)

呉、佐世保航路啓開隊）が出動、六月二十八日には横須賀地方総監から西部航路啓開隊司令（能勢省吾一等警備正〈現在の一等海佐にあたる〉）に災害派遣準備が下令され、翌日の夜から、下関航路啓開隊所属の掃海船「第二鮮友丸」、そして佐世保航路啓開隊の駆潜特務艇「おおたか」が、門司港および佐世保港で応急通信の中継業務についた。

また、この両港では、船舶の航行の安全を確保するために、掃海艇二隻が出て流木などの航路障害物の除去を行なったという。以後、掃海部隊は災害派遣に欠かせない存在となっていった。

この頃、日本国内の国防論議、いや国防の体制そのものが迷路に入り込んでいた。それは警察予備隊から保安隊へとなった陸の部隊、そして海の部隊である警備隊も、いずれも「軍隊」ではないという建前だったため生じたさまざまな弊害であった。

『自衛隊はどのようにして生まれたか』には、その混乱の様子が記されている。警察予備隊ができた際、軍国主義の復活などと思われては大変だということで、当初はシビリアン中心の組織とし、学徒出陣組は別として旧陸海軍の将校の採用は認めていなかったのだが。発足して一年経った頃、

「警察だというので入隊したが、実態は軍隊だった」

と、退職した者もあり、悪質な経歴詐称なども多かったという。そのため、昭和二十六年には定員の一割近い七千三百名もの欠員が生じてしまい、結局、若手の旧軍人を採用することになった。

彼らは、陸軍士官学校五十八期、海軍兵学校七十四期以降であり、教育期間短縮により終戦時には卒業して少尉に任官した者も現役であったのは、卒業から終戦までのわずかな期間のみであり、ただそれだけで社会的制裁を受けるのは可哀想と、昭和二十五年には公職追放を解除されていた。

そして二十七年に保安隊への改組に伴い、人員も十一万人に増員されることとなったが、世相が安定しつつあり、また退職金などの条件も最初ほどの魅力がなくなったことから、応募は予想を遥かに下回った。そこで、その頃、旧軍人の公職追放解除が進んでいたこともあり、旧軍の少佐・中佐クラスからも採用することに方針は一転した。

これは、当時、軍事知識のまったくない者が幹部になっていた実情を見た吉田首相のブレーン、辰

巳栄一元中将が、

「旧軍人以外の幹部は部隊指揮能力、武器の取扱いの知識に欠けており、これではいざという時に役に立たない」

と報告し、吉田が大佐クラスを投入して組織を立て直すよう、強く命じたことからだった。しかし、そうなるとさまざまな問題が生じてきた。後から入った旧軍出身者にとって、警察予備隊の幹部よりも下位に位置する状況は決して愉快ではなかっただろうし、迎える方としても何かと居心地が悪いことこのうえない、そんな混沌とした状況で、警察予備隊発足当初の幹部には、嫌気がさして早々に辞めてしまった人も少なくないようである。

また、この軍隊のようで軍隊でない新しい組織は、できるだけ旧軍で使用していた用語を避けて新しい言葉を編み出すことになる。

「戦」「軍」「兵」が付く用語を他の言葉に置き換えるという、可笑しくも涙ぐましい努力の結果、行軍は「行進」、兵科は「職種」、兵站は「補給」または「後方」、歩兵は「普通科」、砲兵は「特科」、工兵は「施設科」、戦車は初め「特車」と呼んだが、これは昭和三十六年に「戦車」に改められた（正常化したと言うべきか）。

一方、警備隊の方は、そのあたりの事情が、やや違っていた。こちらは、掃海部隊をはじめ、旧海軍出身者が最初から組織の核であったため、旧海軍用語はもとより、「五分前精神」などの慣習や多くの伝統も引き継がれていた。

こうして曲がりなりにも、昭和二十七年には保安庁が設立され、陸・海の部隊は整備されたわけだが、あくまでこれらは、外敵からの直接侵略に対処する組織ではなかった。そのため、より一層の防衛力整備が必要だという認識が高まっていったのである。

そこで、「外敵から国家を守る自衛力」という概念が希薄だった保安庁法を改正し、長期防衛力整備計画が立案されたのだ。そして吉田首相は、昭和二十九年一月の施政方針演説で、保安隊・警備隊を自衛隊に切り換え、航空自衛隊も創設することを表明したのであった。

三月の国会では「防衛庁設置法」「自衛隊法」の防衛二法案が提出されたが、この第十九回国会は、ほかにさまざまな重要法案も重なり国会は大荒れし、審議は紛糾。参議院本会議では、「自衛隊の海外出動をなさざる決議」がなされ、海外派兵禁止が決まる中で、この二法案は通過した。

これにより、「わが国の平和と独立を守り、国の安全を保つため直接および間接侵略に対し、わが国を防衛する」機関として、保安庁が防衛庁、保安隊が陸上自衛隊、警備隊が海上自衛隊と改称され、航空自衛隊が新設されることになった。

米国の掃海艇に乗って

掃海部隊には、米国から最新の掃海艇が供与されることになった。その最初は、当時建造中の最新式ブルーバード級中型掃海艇であった。昭和二十九年十一月、三十名余りの隊員が受領のため米軍の輸送船「ゼネラル・バックナー」に乗り込み、サンフランシスコに向け横浜港を出港。

この輸送船には、転勤する軍人の家族も乗っていて、ディナーなどは服装も厳しく、当然、作業服で食堂へ入ることはできず、渡米にあたっては、まず欧米風マナーの学習から始まったのだという。

この掃海艇が、「やしま」と命名され、初めて日本にやってきた米国の掃海艇であった。駆特にしか乗ったことのない航路啓開隊育ちの隊員は、初めての米国の掃海艇に乗艇し、驚くことばかりであったという。

船は、日本に入ると、徹底的な構造と性能の調査が行なわれ、関係者は懸命に、船の非磁性化と厳重な磁気管理を学び取った。すでに日本では「あただ」型の建造計画が始まっていたが、この「やしま」の調査結果は、昭和三十年度掃海艇の建造に採り入れられることになり、「かさど」型が生まれることになった。

ちなみに、「あただ」は国産第一号の中型掃海艇（昭和二十八年度計画艇）で、同型艇は「いつき」

と「やしろ」があるが、「やしろ」は船型と主機の排気方式が異なるため、「やしろ」型と称している。
また、「やしま」が持ち帰った資料の解析により、掃海のオペレーションそのものも、新しい方式が見出され、海上自衛隊が発足して間もなく、「対機雷戦」という体系が樹立されることになった。

「やしま」の受領要員であった、大賀良平・元海上幕僚長の手記（『日本の掃海』）には、

「対潜戦に比べ、対機雷戦体系の発足が早かったのは、この新造掃海艇を同盟国に供与するという、米海軍の政策が大きく寄与していたのである」

と、綴られている。

昭和三十年三～四月には、アルバトロス級掃海艇「うじしま」型七隻を受領、これらにより第十一（佐世保所属）・第十二掃海隊（呉所属）を編成するに至った。三月には、掃海母艇となる「なさみ」「みほ」をマニラで受領、六月には、フランスが米国に返却した「はしま」を同じくマニラで受領することになり、ここでは、対日感情を考慮して即日出港しなければならなかったが、受領後数時間で機器に習熟してしまった隊員の技量は、関係者を驚かせたという。

また、続いて米国本土から「つしま」「としま」他の同型二隻も引き渡され、昭和三十一年には第二十一掃海隊が編成され、貸供与掃海艇の三つの部隊が誕生、掃海法も米国式が主流を占めるようになっていったのである。

日米共同訓練を最初に行なったのも、掃海部隊であった。これはどういうわけで実現に至ったかと

いうと、実は、各掃海艇の受領の際の訓練では、隊員はとても全てを飲み込めなかったのである。受領訓練では、昼間は帝国海軍にはなかった機雷探知機などの新しい機器、そしてダメージ・コントロール（応急訓練）やジェネラル・クォーター（総員配置）など、まったく新しい概念を覚えなければならない、そのうえ、夜は夜で建物の隙間から雪が舞い込む旧海軍の木造宿舎に詰め込まれて、寒さで眠れないという有様であった。

英語がよくわからず、いくつか不明な点も残ったままであったため、改めて共同訓練を行ない再確認をすることになったのだという。

活躍の場を広げる掃海部隊

そんな中でも航路啓開活動は引き続き行なわれていた。機雷の処理は年々落ち着いてきたが、掃海部隊は災害派遣や、爆発物処理などの任務を担うこともしばしばとなり、仕事は増えていた。

昭和二十九年三月には、別府湾の爆発物引揚げ中の作業員五名が、イペリット性薬物とみられる中毒症状を起こす事件が発生。呉の掃海艇による調査処分隊が派遣されたが、イペリット弾は発見できず、五月に再び出て、今度はイペリット弾七発を発見したため、精密調査のうえ、翌三十年の九月から一年三カ月かけて作業が行なわれた。

磁気機雷の現場爆破作業をするEOD員（海上自衛隊）

この作業は、呉の掃海艇「うきしま」を現場指揮艇とし、民間雇用船十四隻、運搬船二隻、外洋投棄船一隻、人員百四十五名を投入してイペリット弾二千四百九十八発、その他、弾薬・砲弾・魚雷頭部など通常爆発物四十三万九千三百四十一発を処理。なお、漏れたイペリットは希薄な液でも毒性が強く、作業中に隊員十名と雇用船関係者二十三名が被災している。

部隊の編成を見ると、海上自衛隊が生まれた三カ月後の昭和二十九年十月、「桑栄丸」「ゆうちどり」そして、駆特・哨特などの掃海艇七隻で構成される第一掃海隊群が呉に誕生。翌年には米国から貸供与された掃海艇が次々に編入され、第一掃海隊群は掃海部隊の中心的存在となっている。

そして昭和三十一年四月には、わが国最初の国産掃海艇「あただ」が竣工し、八月には新しい新造艇による第三十一掃海隊が編成されている。

初の国産量産型掃海艇として建造された「かさど」型掃海艇。写真は「しきね」（海上自衛隊）

「あただ」型は、ちょっと変わった特徴がある。先にも紹介したように、この「あただ」型は、第二次大戦中の米国掃海艇「アルバトロス」級を参考にして、建造は試験的に行なわれたため、一番艇と二番艇は船底が丸型で、三番艇は角型となっている。これにより、外国のものは丸型が一般的ではあったが、日本の海には角型が適していることがわかったという。

機関も一番艇はベンツ、二番と三番艇は三菱のZCエンジンを搭載していた。ただし、いずれも消音装置がなかったため騒音が激しく、乗員は「第三十一飛行隊」などと呼んだのだそうである。

また昭和二十九年度には米海軍の掃海ボートを参考として、四十トン型の小型掃海艇が建造され、昭和三十二年三月には新造の二隻を加えて第一〇一掃海隊が編成される。その後昭和三十四年までにはさらに四隻が建造されて六隻編成となった。

昭和三十三年六月に竣工した中型掃海艇「かさど」は、「あただ」型よりひと回り大きく、居住性も向上しエンジンの音も小さくなった。この「かさど」型は、海上自衛隊の量産掃海艇として二十六隻が建造され、掃海部隊の主力となった。

こうして掃海部隊の勢力は、旧海軍から残っているもの、米海軍から貸供与されたもの、国産のものが混在する形となって成長・発展して行くことになった。

昭和三十六年には、自衛艦隊に所属し、日本の東部の業務掃海や戦術開発などを主とする第二掃海隊群が新編され、日本西部の業務掃海を主とする長官直轄部隊の第一掃海隊群とに二分されている（現在は、掃海隊群に改編）。

その後、掃海艇は「たかみ」型→掃海艇七号型→「はつしま」型→「うわじま」型→「やえやま」型→「すがしま」型→「ひらしま」型→「えのしま」型と、能力を進化させ、変遷を遂げている。

また、昭和三十八年には、世界最新鋭のタービン・ヘリコプターV107を二機購入し、航空掃海のための実験・研究も本格的に始まった。それから十年の歳月を経て、昭和四十九年二月、バートルV107A型ヘリコプター六機からなる第百十一航空隊を下総に開設。平成二年三月には、さらに大馬力のMH53E型ヘリコプターに変わり、基地は岩国へ移転した。

MH53Eでまず空からの掃海を行なう方法は、米国と日本だけで実施されている。これは、海上での掃海作業が危険と隣合せであることを考えると、大変意義深いものである。

航空掃海の試験を行なうバートルV107ヘリ（海上自衛隊）

掃海ヘリは機体が大きく、一度にたくさんの物資が運べるため、最近では掃海だけではないニーズが高まっており、阪神淡路大震災の時は、救援物資の輸送を行なうなど、災害派遣での活躍も目立つようになった。

これまでは、このヘリコプターそのものの輸送手段がなく、海外では活用できなかったが、現在は、搭載可能な自衛艦も出てきており、国際貢献の舞台にもお目見えすることが待望されている。また最近では、新型掃海ヘリＭＣＨ１０１も導入され、掃海ヘリ部隊百十一航空隊は、ますます活躍の場を広げるであろう。同隊は可能性と活気に満ちたヘリパイ集団なのだ。

このように、掃海部隊の隊員たちは、自分たちの所属が目まぐるしく変わるという紆余曲折を経ながらも掃海を続け、現在は海上自衛官として、海や空で活躍しており、その技術から精神までを、しっかり受け継いでいるのである。

12 水中処分員の仕事とは？

沈底機雷が一般的となると、直接機雷を探知し処分する「機雷掃討」の必要性が高まり、各地方隊に水中処分員が配備されることになった。そのノウハウは、当時、米国に留学することによって得られたのだが、昭和三十九年までは爆発性武器処分（ＥＯＤ：Explosive Ordnance Disposal）課程の留学生受入れがなく、最も近い課程ということで、米海軍の水中処分課程（ＥＯＤとは似て非なるＵＤＴ：Underwater Demolition Training課程）に留学した人たちがいたという。

なお、昭和三十二年に最初にこの課程に留学した野沢三弥一尉（海軍兵学校七十五期）は訓練中に殉職している。この課程はＳＥＡＬｓ（Sea Air Land Team）の前身であり、毎年何人かの犠牲者がでるほど厳しいものであった。昭和三十六年、二回目にこの課程に二十七期生として入った黒川武彦元第一掃海隊群司令の体験記が『日本の掃海』にあるが、そこには、「卒業できたのは幹部を含む六十五名中、十四名だった」とある。黒川もその中に入っていた。

昭和三十九年にＥＯＤ課程への受入れが許され、この経験から、四十四年に第一術科学校にて、海自独自での育成を目指す水中処分課程の教育が開始されることになる。

このＥＯＤ員の担う仕事は、そもそも危険な掃海部隊の中でも、限りなく危険に近い仕事だと言っていい。なにしろ、自分の命を奪うかもしれない爆発物を目の前にして、水中で格闘するのである。

ＥＯＤ員が機雷を処理し、一刻も早くその場を離れるために猛スピードで泳いでいる訓練の姿を見た時は驚いた。数々の護衛艦や航空機などの、最新鋭の装備を誇る海上自衛隊において、最小にして最強の戦力は「人」であったのだと教えられた気がしたからだ。

海の中で息を潜め、何に反応するかわからない機雷と対峙することは、今でも相当に大変なことだが、ＥＯＤ黎明期に遡ると、さらに厳しい条件下であった。黒川の手記に、その様子が記されている。まず、機雷はその付近で潜水員が移動すれば、呼吸音や磁気等によって爆発する可能性があるのだが、かつては開式スクーバしかなく、大きな呼吸音が機雷を作動させてしまう怖れがあった。

「機雷の存在場所に潜水して機雷が見えて来るまで、何とも言えない気分で近付いて行く。機雷から三メートル位の所で一旦停止し、何型の機雷かを判定する。できるだけ音響及び磁気センサーを刺激しないように、呼吸を止めて、静かに機雷尾部に近付き、素早くセンサー種別を調査する」

この時、機雷に腐食等による破孔があれば、その機雷は作動しないので安心して揚収作業ができる

危険な掃海部隊の中でもさらに危険な任務を担うEOD員。写真は昭和30年代（海上自衛隊）

が、そうでない場合は、その機雷は生きているわけで、掃海艇からロープを引き出して機雷に巻き付けることになる。このロープは堅く、しっかり巻き付けるには相当の力が必要であった。

「はじめはおっかなびっくりでしていた作業もだんだん大胆になり、機雷にしがみつき、足を掛けてロープを巻き付けた。掃海艇は、機雷から二百メートル以上の距離で機雷を引き摺る。東西南北に引き摺って機雷が作動しないことを確かめて、再度、潜水して機雷を確かめて、掃海艇に揚収する。摺動後の機雷缶体はピカピカに光っており、一層の不気味さを感じさせる」

作業に伴う危険は、機雷によるものだけではない。

磁気機雷にワイヤーを巻き付けて引き揚げ作業をするEOD員（海上自衛隊）

ワイヤーの取付け作業中に、水中で意識不明になる処分員も出ている。発見した同僚が急ぎ抱えて浮上するのだが、その際の呼気の排出が十分でなく、肺が破裂するケースがあった。

昭和四十四年八月に、新島本村前浜海岸で、中学生が砂浜で拾った砲弾を焚き火の中に入れたため爆発し、死傷者を出した。これは、終戦直後に前浜海岸から多くの砲弾を運び出したことがあり、その際、沖に捨てるべきところを近くの海に捨てたため、北風による荒い波で海岸付近に打ち寄せられたのである。

黒川が隊長を務めていた横須賀水中処分隊が出動して捜索すると、三千発以上の砲弾等が発見されたという。夏の盛り、大勢の若者が砲弾の上で海水浴を楽しんでいたのだ。以後、毎年捜索を行なうことになり、平成三年までに四千三百発以上の爆弾、砲弾、小銃弾、手投弾等を探し出したという。

また、彼らは即応体制で、気の抜ける時がなかった。「爆発物発見！」と夜中に駆付けてみると、単なるブイであったこともあるが、しかし、何か発見されたら、それが何であるかを確認するまで緊張しどおしの毎日だったと、黒川は振り返っている。

終わらない、ＥＯＤ員の戦い

こうした、海自におけるＥＯＤの夜明けから、すでに四十年近く経ったのだが、現在はどのように変わったのだろうか。

私は横須賀の掃海隊群司令部を訪ねた。

「ＥＯＤの方にお話を聞きたい」

と、お願いして時間を作ってもらい、彼らの待つ建物に入る。そこには、入口からピリリとした緊張感があった。

その日は天気が良く、日光の下にウエアや用具を広げ、乾かしている。広げるというより「整然と並べられた」と言った方が相応しいかもしれない。よく見ると、スクーバの用具だけでなく、水中でも書けるメモ帳もあった。使い終わったそれらの用具は、何もかもがきちんと揃えられていて、ちょ

整然と並べられたEOD員の用具

っと乾かしている時でさえ、「気をつけ！」の姿勢をとっているように見えてしまう。さらに、所定の場所に収められた用具は、敬礼をしそうなくらい折目正しく並んでいるようだった。

ＥＯＤ員の日常は、すなわち「訓練」だと言っていい。生活そのものが訓練なのだ。事実、彼らは一日の大半を海での訓練で過ごす。朝八時半から夕方まで、昼休み以外はずっと海の上か中。それが終わったら後片付け（しかも非の打ち所のないものでなければいけない）、さらに陸上での筋トレなどをこなし、夕食をとる頃には、食べながらもウトウトしてしまうような日々だという。

そんなＥＯＤのベテラン中のベテランと、中堅の隊員から話を聞いた。青山末廣掃海隊群先任伍長（平成八年当時）は、掃海に従事する海曹士の頂点であり、掃海隊群・水中処分班の水中処分員長（マスターダイバー）つまり、曹士ＥＯＤ員の長でもある。そして、ＥＯＤ歴十年の西村誠二二等海曹（現一等海曹）である。

青山曹長は昭和三十年生まれ。高校時代、合宿で福知山を訪れた時に、当地の陸上自衛隊レンジャー隊員と遭遇した。青山は、

「これだ！」

と、直感したという。体を鍛え、全身全力で誇り高い任務につく、それが将来の目標だった青山にとって、レンジャー部隊はまさにそれを実現できる職場だと思い、迷わず陸上自衛隊入隊を決める。

しかし、入隊の三日前になって、

「人が足りないので、海に行ってくれないか」

と言われてしまい、「心ならずも」海上自衛隊へ入隊。護衛艦に勤務して三年経った頃、ＥＯＤ員と出会った。憧れていた特殊部隊、聞けば最も厳しく過酷な任務だという。鍛えた体を活かして人のできないことに挑戦し、それが人のため、ひいては国のためになるのなら、やってみようじゃないかという意気込みでＥＯＤの道へ。いや、正確に言えば「道」ではなく、そこは「海」。とにかく目の前に「海」しかない日々が始まったのだ。

まず、基本的潜水能力を身に付けるスクーバ課程、専門的潜水能力を養う潜水課程を修業し、そして選ばれた者だけに入校が許されるＥＯＤ課程へと進む。その課程での訓練は想像以上に過酷であっ

た。陸上では人に劣らないという自信があったが、海ではまったく違ったのだ。とにかく徹底的なしごきに耐える日々であった。そしてとうとう、押しも押されもせぬＥＯＤ員になったのである。以来、ＥＯＤ一筋。平成三年にはペルシャ湾にも派遣された。この経験により、日頃の厳しい訓練がいかに重要であったかを改めて知ったと言う。

「この時、やっと、国民のために働いているのだと自覚することができました」

毎日続く訓練が、一体何のためなのか、誰のためなのか、どこで感謝してもらえるのかがはっきりしないのは、いくら頑強な彼らにとっても辛い。しかし、こうした国際貢献の活動に貢献することで、それまでひたむきにやってきたことの意味が明確になったのだ。

そして、掃海部隊の結束の固さも実感する。小さな掃海艇で、艇長以下、全員が一つの目標達成に向けつき進み、共に揺られ、共に船酔いもする。しかし、機雷を発見したなら、決して諦めずに、その機雷を処分するまで共に取り組む。そこにはお互いを信じ、助け合う気持ちが欠かせない。

青山曹長たちダイバーは、それに加え水中深く潜り、危険な作業にあたらなければならない。二人一組（バディ）で機雷に向かう。二人の間には、確実な信頼関係が必要となる。

「潜っている時は、階級も関係なくなります」

相手の命、その背後にいる相手の妻や子までも、自分は預かっている。掃海部隊員のつわものたちＥＯＤ員にとっても、最後の頼みは「人」なのだ。

その「人」を育成する責任を担うのが、青山曹長が務める先任伍長という職である。掃海隊群先任伍長として、約八百名の海曹士の服務指導や、生活全般のしつけ、教育を担う。また指揮官と各隊員の意思疎通を図る役割としても欠かすことはできない。実際、彼らが動かねば、どんな立派な艦艇であれ一歩も動かないのである。その青山のモットーは、自ら率先して示すことだという。

「自分の作業服が汚れていたら指導できませんからね」

自分自身が規範《きはん》となる、そのためには、定年を目前とした今でも鍛錬の日々なのだ。

その青山の背中を追う西村は、訓練で大湊へ行った時、スノーボードなどの訓練を自ら率先してこなしている青山の姿を見たのが出会いとなった。

「すごい！　と思いました。若い人たちとまったく同じ体力なんです。なんとかして一緒に働きたいと思いました」

そして、その思いは叶い、定年を控えた青山曹長との残りの日々を過ごせることになった。

そもそも西村は海上自衛隊に入ったが、泳げなかったのだという。しかし、毎日、業務が終わってから練習をし、なんと、難関のＥＯＤ課程にまで進んでしまったのだ。そしてＥＯＤ員にまでなった今でも、不断の努力を続けている。まだ幼い子供もいるが、休日であっても、朝は六時過ぎに起床し、自転車漕ぎ、そしてジョギングなどをすませてから、やっと家族と過ごす時間ということで、結局、休みと言ってもゆっくり寝転んで過ごすということはないのである。

ＥＯＤ要員にとっては、「体を動かさない」「水中に潜らない」という日が数日でもあれば、それが命取りになってしまう。一週間も潜らなければダメになるという危機感と常に隣合せなのだ。

しかし、だからと言って、家庭を顧みないというわけではなく、家庭が円満であることは大事な要素であると、青山は考える。家庭の中での心配事が頭の中にあるようなら、その人間は、訓練から外すという。そして、最近の「個人情報保護」という風潮から逆行していると言われようとも、部下たちの家庭を知ろうとし、できるだけバーベキュー大会などを開いて交流の場を作るように心がけてきた。これは、一度、出港したら数カ月も戻らないことが多いため、留守家族同士で助け合えるようにという意図があった。

それにしても、「心配事がある」かどうかは、本人が言わなければわからないことだ。それをどうして知るのかというと、朝、「おはようございます」の声を聞いて、そこから心情を把握するのだという。隊員個人の心の事情を知ることも、危機管理の一つなのだ。

ＥＯＤ員には頭の回転も求められる。しかし、三十メートルも潜ればまったく「馬鹿に」なってしまうというほど、水中では思考能力が低下するのだ。そのため、陸上でとことんミーティングをすることが肝要となる。疑問に思ったことは、陸上で何でも聞いておく。こうした日常を送ることで、適切な判断と俊敏な行動が身につくのだという。

実は、彼らＥＯＤ員は、テロ対策特別措置法に基づきインド洋上で補給活動をする艦艇にも乗り組

厳しい訓練で鍛え上げられるEOD員の卵たち

んでいた。あまり知られていないが、通常、自衛艦が外国に赴く時はＥＯＤ員は同乗しているのだ。

自衛艦が港に入る際に、爆発物が仕掛けられていないか捜索、あるいは、機雷のチェックといった任務を担うためである。したがって、海外に出る機会が増えるとＥＯＤ員の仕事も増えるというわけだ。

平和な日本にいるとわからないが、艦艇が最も脆弱になる時は、入港している時だ。外国は艦艇の周りを銃を持って警戒するが、日本はライトで周囲を照らして警戒することしかできない。結局、自衛艦の安全は、自ら潜って爆発物の確認をするＥＯＤ員が、多くを担っていると言っていい。こうした活動は、自衛隊の国際貢献活動の本来任務化に伴い、今後ますます増えるのであろう。

そして、国内での災害派遣、人命救助の活動でも海自のＥＯＤ員は頼られている。いつ起きるかわからない緊急事態にも即応できるよう、常に備えておく必要があり、彼らに対する期待は高い。負担が大きいのではないかと、つい心配になるが、彼らからはそうした懸念を超越した、誇り高さを感じるばかりなのである。

海自のＥＯＤは世界一という評判がある。青山は、それは、日本のＥＯＤ員が「職人集団」であるからだと考えている。各国のＥＯＤ員はまず知識から入り、潜るのはあくまでも手段でしかないが、日本人は、機雷や爆発物などをなるべく発見しやすくするため、海をなるべく濁さないよう、きめ細かい神経を使い水中での作業をするという。精神を研ぎ澄まし、気高く、美しく、黒いウエットスーツに全身を包んだ屈強なその姿からはとても想像つかないが（失礼！）、洗練された彼らの心の中は、海のように青く透明なのだ。

何のためにこんな仕事するのか、陸上にいる人間はあれこれ考える。しかし、彼らには邪念がない。ただ、ひたすらに、危険な機雷の上を通過する船のため、人のため、国のために海の中へ入って行く人たちなのだ。

用具の一つ一つに気を配り、整える。並べられた道具から私が受けた緊張感は、まさにその「職人集団」の中に入り込んだ、気の張りだったのだろう。ハイテク化、無人化、大きな流れがあろうとも、最後は「人」の力にその国の実力が集約されるのだ。

日本にとって掃海部隊は世界に誇れる財産と言っていい。その最精鋭がＥＯＤであり、そのＥＯＤ

の支柱となっているのが、最新鋭の兵器でも何でもなく、青山曹長という「職人」気質のお父さんであるという点は世界の注目に値するであろう。そしてこの純国産にして、最高の装備は、維持するために必要以上のお金がかかるわけでもない。

私は尋ねた、ＥＯＤにとって最も必要なことは？

青山は迷いなく答えた。

「ありがとうと言ってもらえることです」

と。

日本の海の最精鋭部隊を維持するためには、やはり「人」の力が欠かせないのである。

13 漁業と掃海

平成二十年二月十九日、イージス艦「あたご」が漁船と衝突するという事故が起きた。「自衛艦が悪いに決まっている」「いや、漁船にも問題があった」と、マスコミを中心に世の中は、とかく「自衛艦ＶＳ漁船」という構図を作り出したがり、騒いだ。

しかし、よく考えてみたい。この日本にとって、自衛艦と漁船のどちらの方が必要なのかを。答えは簡単だ。「どちらも必要」なのである。それなのに、この両者を対立構図に置こうとする態度には疑問を覚えた。

海洋国である日本の海事従事者は減少の一途を辿っている。海上自衛隊でも艦船勤務は敬遠され、定員に満たない艦も少なくない。商船などでも、日本人船員はもはや「絶滅危惧種」とまで言われ、わが国に資源を運ぶ船は九十五パーセントが外国船籍で、乗っているのもほとんど外国人船員である。

漁業従事者も同様に減っている。こちらも、多くを外国人労働力に頼っているのが現状だ。外国人の単純労働は認められていないが、船会社がインドネシアなどの外国に船を貸し出し、船員ごとチャーターする「マルシップ」（日本の船は「○○丸」と呼ぶためこのような名がついた）という方法は、とにかく漁船の労働力を確保しなければならないという苦肉の策である。日本が今後、日本人船員や漁船員の育成に本腰を入れたとしても、シーマンのプロフェッショナルが一朝一夕に育つはずもなく、しばらくはこの苦肉の策でやり過ごすしかないのだ。

まして、「海の民なら、男なら、みんな一度は憧れた太平洋の黒潮を、共に勇んで行ける日が……」と、歌われたのも今は昔。現在では「キツイ、キケン、カエレナイ」の三拍子揃った「海の男」になることへの憧れは、もはや忘れ去られ、このような職業につく意志がない人ばかりの土壌では、そもそも育成することができないのだ。だからこそ、幼い頃から、これらの職業の尊さを教える教育が求められるのだが、報じられるのは、海上でのトラブルなど、ネガティブな情報ばかり。

狭い日本の海、その中で互いに譲り合い仕事をしてもらうことの方が肝要なのではないか。航路啓開によって、せっかく啓かれた海を奪い合うなどということは、あまりにも不毛に思えてならない。しかし、車の運転でも交通渋滞に入るとイライラするように、船舶の輻輳《ふくそう》する日本の海域では昔からモメ事は絶えなかった。

掃海部隊の不断の努力により、海上自衛隊が発足した後の昭和三十年代頃になると、長年かけて行なってきた機雷の処理がひとまず落ち着いたのだが、機雷掃海の訓練も全て止めてしまっては、これまで培ってきた技術やノウハウまでも水泡と帰してしまい、それでは、いざ機雷掃海となっても対応できない。そのため海上自衛隊としては、恒常的に掃海訓練を実行する必要があった。

しかし、自衛隊の訓練の重要性はなかなか理解されにくいのが常である。いつの間にか漁業関係者との交渉も、掃海部隊の大きな仕事になっていた。訓練によって漁場が荒らされる、掃海艇に網を破られた、などの事案に丁寧に向き合い、訓練に対する理解を求めることが大変重要なのだが、中には「言いがかり」のようなものもあり、対応に苦慮することも多いようだ。

元山の掃海に赴いた石川隆則の手記には、掃海艇により魚網を切断され、その補償問題が片付くまで、掃海をやらせるわけにはいかないという漁業関係者との折衝の様子が記されている。直接、折衝を行なっていた石川が相手側に補償額を聞いてみると……、

「とんでもない額で、とても応じられません。そこで私はこの事故で受けた証拠として収入減額を出し、併せて年間の水揚げ高を出してもらいました。水揚げ高は年間で最高額の日×三百六十日（県庁水産課も了承していた）という計算で補償要求です」

そして、出された要求額を受け取り、

「一応わかりましたと出された資料を集めて鞄に入れて、一言『これから私は皆様方の税務署に参りまして、この資料の額によって納税されているかどうかを調査のうえ、わが方の各部と会議を開き

補償額を決定したいと思います』とやりました。

さあ大変。そんなに収入があって納税していたら漁業振興費も受けられないし、組合員で困る人も沢山出てくるので、大騒ぎになりました」

しかし、こうした成功例は過去のことで、いつの間にか、こうした「言いがかり」も丸呑みし、「金でカタをつける」ことが常態化してしまった。「もらう」ことに慣れきった人たちは、その金額が下がろうものなら途端に態度を硬化させるのである。一部には、「魚を獲るよりも自衛隊を脅した方がよほど儲かる」という人もいるらしいから、真面目に漁師をやっている人が気の毒な話である。こうした「タカリ」の構造を作ってしまったのは、防衛省にも責任があるのではないか。

とにかく、長年の悪弊により、交渉は掃海部隊の悩みの種となっているのである。最近は、漁業補償で折合いがつかず、訓練中止のやむなきに至るということも多いのが現状だ。

掃海訓練を阻むものは他にもある。平成十九年十一月、鹿児島県の志布志港で訓練をしようとしたところ、「憲法を守る会」などの自称「平和団体」が、抗議集会を開いた。「民間港である志布志の軍事機能強化」に懸念を示して、県と市に対し、訓練中止を防衛省に求めるよう要請し、さらに「国際物流拠点港としての発展が期待されている志布志港に軍艦は不要」などと反対を表明した。

敢えて聞きたいが、終戦直後、無数の機雷によって輸送路を閉ざされた日本周辺海域において、命がけで機雷を除去して港を開き、国家の復興と平和に貢献したのは一体誰なのか?

機雷の掃海が急務であった「民間港」からの相次ぐ依頼により、休みなく機雷を探したのは？
「国際物流拠点」と言うが、機雷がウヨウヨしていたら船は入れない。その機雷処理のために日々訓練をし続けている人たちは？

そもそも、この時期、掃海部隊は日向灘で掃海訓練を行なうはずであった。しかし、この年は漁業補償で折合いがつかず中止となり、その代替地が志布志市だったのだ。訓練内容や期間は縮小され、妥協を重ねた今回の訓練であった。

そんな中、志布志市長が「観光、商業振興面への波及効果も大きい」として、協力に乗り出したこと、同市漁協の組合長も「テロ対策など国防の一環であることから、理事会全員一致で受入れを決めた。漁業補償などは求めていない」と、理解を示したことで救われたわけだが、訓練がスムーズに受け入れられることをどうしても許したくない勢力が出てきたのだ。

どう考えても、「危ない」やら「うるさい」やら抗議するのはお門違いもいいところだ。機雷が海にウヨウヨしている方がよほど「危ない」と思うのだが、違うだろうか。

それにしても、毎年十一月に訓練が行なわれていた日向灘の一部の漁協は「十分な漁業補償を得られず、訓練後は魚の戻りが悪い」などと反対意見が依然強いということで、頑なな姿勢を崩していない。これは、つまりもらえる金の金額が上がれば受け入れるということである。

訓練を拒めば漁業補償、つまり「金」をもっと取れるという構図は、限りない悪循環しか生み出さないであろう。代替地が出たのは幸いだが、そこの市長が「経済波及効果」があるから受け入れるという説明しかしないのは、市民を納得させるための方便かもしれないが、やはり、残念だ。

今、掃海訓練はそれがもたらす「金」でしか理解を得られないのかと思うと、情けない。命と引換えに、航路啓開にあたった人々が聞いたらどう思うだろうか。もっとも、戦後の掃海作業に関しては、しばらくおおっぴらにできなかったこともあり、知らない人がいても仕方がないかもしれない。それならば、国は早急に、機雷掃海の大切さ、その仕事をする尊さを啓蒙すべきであろう。

しかし、それにしても「語られなかった」というのは逃げ口上である。なぜなら、平成になってから、海上自衛隊掃海部隊が「日本を救うため」活躍したことを、皆、知っているはずではないか。

そう、彼ら、掃海部隊は、またもや「思いがけない」任務を担うことになったのである。

彼らの行き先は、遥か遠く、ペルシャ湾であった。

14 遥かペルシャ湾へ！

平成三年、その春の出来事を、彼らは決して忘れないだろう。

人事異動で多くの自衛隊員が動く季節である。転勤する方も受け入れる側も、業務の引継ぎや引越し、挨拶まわりなどで多忙な時期であるが、この年は、それだけではない、自衛隊の歴史に深く刻まれることになるオペレーションに向けて、静かに、されども大きく、動きが始まっていたのである。桜の盛りもいつの間にか過ぎていた、四月も半ば頃のことであった。

第十四掃海隊司令として佐世保にいた森田良行二佐（のちの掃海隊群司令）は、海上自衛隊の大村基地に向かっていた。横須賀で自衛艦隊司令官が呼んでいるから、大村に行けとのことであった。

指定された時刻に大村に着くと、どうも森田が来ることを知っているのは、そこの司令だけらしい。他の隊員の目に触れる前にすぐに厚木へ飛ぶ。厚木で待っていた車に乗り、自衛艦隊司令部を訪れた。

そこで言われた一言だけが、今でも耳に残っている。

「骨は拾ってやる」

それは、ペルシャ湾への出動命令であった。なんとなくは感じていたが、やはりという感じであった。とにかく、用意されていた帰りの飛行機に乗り込むと、これから名古屋に向かうという。名古屋には森田の家族がいた。当時、単身で佐世保に赴任していた森田のために、ほんの少しでも家族に会っていくようにという幕僚長の配慮だったのである。

「突然、帰ったので、家族はとにかく驚いていたようでした」

つかの間の対面、そしてその後は、怒涛のような日々が始まったのである。

異動した途端にペルシャ湾行きを命じられた者もいた。『ペルシャ湾の軍艦旗』（碇義朗著）によれば、三月下旬に横須賀の第十七掃海隊司令から、江田島の第一術科学校機雷掃海科教官への異動を命じられた木津宗一二佐は、単身赴任で江田島の官舎に入り、役場の転入手続きからガス、水道、電話などをひき終えた途端に、またもや転勤ということになったという。こんどは転入の時とまったく逆のことを大急ぎですることになった。役場の住民課窓口もずいぶん驚いたようだ。

また、同じ三月末に海幕広報室から厚木の第五十一航空隊に転勤となった土肥修三佐は、着任の歓迎会が開かれていた席上で、第一掃海隊群司令部への発令電報が出たことを知らされ、歓迎の宴は直ちに送別会に変わったのだという。

しかし、まだこの時点では、掃海部隊のペルシャ湾派遣が正式に決まったわけではない。着々と準備は進められていたが、多くの隊員や家族たちに伝えられたのは、出発のわずか十日前であった。なぜ、海上自衛隊の掃海部隊が、遥かペルシャ湾まで行くことになったのか。その経緯を辿るには、平成二年に遡らなければならない。

湾岸戦争と日本

一九九〇（平成二）年八月二日、イラクがクウェートに侵攻し、あっという間にクウェート全土を制圧してしまう。そして早くも八日には、サダム・フセイン大統領により、「クウェートをイラクの一州にする」という宣言が出されたのである。潤沢な石油を持つクウェートを手にすることで、イラクが強大な石油大国になる。つまりそれは、サダム・フセインという独裁者に世界が牛耳られることになりかねない、危機的な状況に突入したのである。

国連安全保障理事会は、即座にイラクに対するさまざまな決議案を採択し、また、米国を中心とする四十二カ国の多国籍軍が編成され、兵力を湾岸に展開したうえで、平和的解決を呼びかけ続けた。しかし、この呼びかけにイラクは一切応じる気配もなく、年が明けた一九九一（平成三）年一月七日早朝、とうとう多国籍軍は武力行使に踏み切ったのである。これが「砂漠の嵐作戦」であった。

ここには世界中の国が何らかの形で参加している。米国、カナダ、アルゼンチン、ホンジュラス、イギリス、フランス、スペイン、ポルトガル、イタリア、ギリシャ、デンマーク、ノルウェー、ベルギー、オランダ、ドイツ、ポーランド、チェコスロバキア、ハンガリー、韓国、バングラデシュ、パキスタン、アフガニスタン、バーレーン、カタール、アラブ首長国連邦、オマーン、クウェート、サウジアラビア、シリア、トルコ、オーストラリア、ニュージーランド、エジプト、モロッコ、ニジェール、セネガル、ガンビアなど、普段あまり聞きなれない国も含め、実にさまざまな国名が並んでいるが、日本は一体何をしていたのか。

イラクがクウェートに侵攻を開始した時に、政府が「クウェート侵攻は遺憾である」との談話を発表しただけで、戦闘員を送るなどということはもってのほか、後方支援という形での非戦闘員の派遣もなく、人的貢献は何一つ行なわなかったのである。

かろうじて難民輸送のために、航空自衛隊の輸送機を派遣することを骨子とした「国連平和協力法案」が国会で審議されたものの、結局、時間切れで廃案となった。

政府は、国連平和協力法案を内閣の権限内でできる特例政令に切り替え、航空自衛隊のC１３０輸送機の派遣だけでもなんとか実行しようとし、隊員も待機していたが、当事国であるヨルダンの国内事情などから諦めざるを得ないという有様だった。中東の石油に依存する日本が、国内事情がいろいろあると言って、まさに自国の生殺与奪の権を委ねている中東の危機に対しまったく他人事のように振る舞い、他の多くの国々が若い兵士を次々に送り出すのを指をくわえて見ている、それどころか、「戦争反対」のごとき浅薄な言葉を浴びせるような態度をとった者もいる。

平和主義は結構だが、他国の若者たちが血を流し、日本はその恩恵を受けているというのに、「戦争はやめて話合いをしよう」と、現実に目をつむったり、あるいは「自分たちのために戦争をしてくれと頼んだ覚えはない」と言わんばかりの報じ方は、もし当事者が耳にしたらどう感じるのか。それは、この時、戦場へ赴いた兵士やその家族にとっては許し難いことであり、大切な人を亡くした家族にとっては、子々孫々に至るまで日本を「身勝手で、哀れな現実逃避国家」と、軽蔑の対象として見るであろう。そしてそれは、何十年たっても日本や日本人の評価として残るのである。

さて、結局、湾岸戦争において、日本が実現させた唯一の「貢献」は、総額百三十億ドルの拠出であった。国民一人あたり約一万円の負担だ。しかし、このことがさらに世界の顰蹙《ひんしゅく》を買うのである。

「日本は金だけ出して人は出さない」

「たった一万円で貴国のシーレーンをわが国の若者が命がけで守るのか」

日本として精一杯やったことではあったが、世界の常識からすれば、甚だ無礼なことと捉えられたのである。「憲法が禁止しているから、自衛隊の海外派兵はできない」ということで全てが通るほど、世界は甘くない。

一九八〇年代のイラン・イラク戦争の時もそうだった。イランは、「ペルシャ湾を航行するタンカーは無差別に攻撃する」と宣言し、数多くの日本のタンカーが米空母機動部隊に守ってもらったのであるが、当然、米空母には多くの兵士が乗艦しており、その人々が生命を危険にさらす中、通り過ぎるほとんどのタンカーは、「日の丸」を掲げた船だったのだ。そして、今回もまた、日本は憲法九条があるからと、一国だけ平和主義を気取り、他国に血を流させるのかという感情が、わけても同盟国である米国の議会から、あるいは市民の声として湧き上がってきていたのである。

「砂漠の嵐作戦」は、日本が憲法の枠内で何ができるのかという、小田原評定のごとき論議をしている間に、多国籍軍の圧倒的勝利で終わった。イラクはクウェートからのイラク軍の撤退をはじめとした国連安全保障理事会の決議を受け入れて停戦の運びとなる。この劇的な戦闘の展開で世界が沸いたため、日本に対する批判も帳消しになるかな、と……考えたいところではあったが、そうはいかなかった。米国内で芽生えた日本に対する不信感や失望感は決して無くなるわけではなかったのだ。

米国内では在日米軍の兵力の削減などの声が上がるようになり、日米同盟に目に見える亀裂が入りつつあった。米国内の日米同盟重視派にとっては、ここで日本に対する信頼を回復するための行動をしてもらわなければ、もはや米国内で高まっている、日本と日本を庇う勢力への冷ややかな視線を逸らすことはできなかったのである。

窮地に追い込まれた日本

今からでも遅くなく、そして日本でも十分に務めを果たせることはないか？

その答えはあったのである。

「掃海艇の派遣をすすめたい」

これは、『よみがえる日本海軍』の著者ジェイムス・アワーが、イラクが戦闘地域に多数の機雷を敷設していたとの情報を得て、日本の新聞紙上（平成三年三月十一日、産経新聞）で緊急提言したものであった。

実は、この発言の直前にドイツ政府がペルシャ湾掃海のために掃海艇五隻と補給艦二隻の派遣を発表していた。そもそもドイツは、ＮＡＴＯ域外への軍の派遣を禁じていたことから、人的派遣をしていなかったが、戦闘が終結したことで派遣を決定したのであった。この決断に日本はいっそう取り残されてしまう。立場は悪くなるばかりであった。

しかし、翻ればこれは起死回生のチャンスでもあった。この時、最も求められていたのは「機雷掃海」の作業である。日本は優秀な掃海部隊を持っているではないか。世界中で最も熟練した掃海部隊は、海上自衛隊の面々であるということを一番よく知っているのは、他でもない、米国である。

好機であった。かつて朝鮮戦争において特別掃海隊を派遣し、日本の独立に絶大な貢献をした、あの日本の掃海技術と掃海のプロたちの心意気は受け継がれているのだ。今、日本に迫っている危機を救うのは、今回もやはり、彼ら「掃海部隊」をおいて他にない。

まさに四十年前をなぞるような運命的な巡り合わせであった。しかもすでに戦闘は終結しており、自衛隊が派遣されても憲法には抵触しない。日本の掃海部隊派遣の条件は揃っていた。

国内世論にも変化が出てきていた。経団連、日経連や石油連盟、日本船主協会、全日本海員組合といった海の安全を願う団体からも掃海部隊派遣を熱望する声が上がり始めたのである。

実は、先のイラン・イラク戦争の際にペルシャ湾に敷設された機雷を除去するため、海自の掃海部隊派遣が検討されたことがあった。この時は、後藤田正晴官房長官の強い反対で実現しなかったが、当時、海上幕僚監部内で、部隊の編成や補給、支援など、具体的に検討されたものが残っていたため、それが今回の派遣にも用いられ、研究はスムーズに進んだのだ。

こうして、あとは政治の決断を待つばかりとなったわけだが、それが最も足かせとなった。当時の海部俊樹首相はこの派遣を秋まで延ばしたい構えであり、とても前向きではなかった。阿川尚之の『海の友情』によれば、自衛隊を派遣することには、社会党のような教条的平和主義の人たちだけでなく、自民党内にも反対を唱える人がいたのだ。

そんな中、当時自民党の若手代議士であった船田元は、小沢一郎幹事長の意向を受け、ワシントンへ飛んだ。日本がとるべき貢献策を、非公式に協議するためであった。そこでさまざまな要人と接触し、改めて日本の掃海部隊を派遣する意義を確信した船田は、帰国後、早速、掃海艇派遣の必要性を自民党内で必死に説得する。毎日毎日、実力者をつかまえては繰り返したという。そして、外務省も防衛庁も積極的に動き、各界への働きかけも盛んに行なった。これが、財界や組合からの声となって出されたのである。

こうした世論の動向に、しぶしぶ決断せざるを得なかった海部首相が、掃海艇派遣準備の指示を下したのは四月十二日、池田行彦防衛庁長官が佐久間一海上幕僚長に、掃海艇派遣に関する具体的検討開始を指示したのは、四月十六日のことであった。

しかし、これは最終決断ではなかった。結論は、四月二十一日の統一地方選挙後半戦を終えてから。そしてその選挙結果いかんでは派遣の中止もあり得るというのだ。

確かに、政治家は何事につけても政治日程を見据えて判断することが求められ、それは必要不可欠な資質ではある。しかし、事と次第によっては国内事情を差し置いてでもやるべきことがある。世界が日本国を中心に回っているわけではないことを認識し、党利党略を超越して、わが国と国民が諸外国からのはぐれ者にならぬように行動することの方が優先事項であるはずだ。すなわち、国益を重んじるということだ。

「国益」という言葉は、何か身勝手な行動をとることの大義名分のように解釈されている向きがあり、とんだ濡れ衣を着せられていて、気の毒で仕方がない、本来はもっと堂々、胸を張っていい言葉であるし、国家にとっての最優先事項に違いないのだが……。

しかし、悲しいかな、その「本来任務」をおろそかにする政治家の方が遥かに多いのである。

はっきり言って、すでにペルシャ湾岸で掃海作業を始めていた米、英、サウジ、ベルギー四カ国の海軍と、それらに加わるため現場に向かっていた独、仏、伊、蘭の四カ国の海軍にとって、日本の統一地方選挙はどうでもいいことだ。その場におらず、苦労を共有しない国の海軍に、どうして同情心が持てようか。

やっとゴーサインが出て、日本の掃海部隊が現地に着いた時、掃海は全て完了していて、何もやることがなかったら、大恥をかくのは日本の掃海部隊なのである。

インド洋は四月を過ぎると、モンスーンと台風で大荒れになる。そもそも、日本の沿岸での作業のみ想定された五百トン未満の小型の木造掃海艇が、大洋を航海すること自体が想定外であるが、時化《しけ》にあったらますます船脚が遅くなり、到着は遅れるばかりなのだ。選挙があるからと、出発を遅らせるほどに、気象条件は日本にとって不利になるばかりだった。海上自衛隊としては、とにかく、いつ出発の命令が下ってもいいように周到な準備をするしかなかった。

まずは、海を渡る掃海艇と人員の選定である。イラン・イラク戦争の頃、横須賀にある第二掃海隊群の掃海幕僚だった森田良行は、当時、ペルシャ湾に派遣する場合の部隊編成を作成していた。この

ペルシャ湾を目指して航行する４隻の掃海艇。順に「ゆりしま」「ひこしま」「あわしま」「さくしま」（海上自衛隊）

ため、今回の派遣でも真っ先に白羽の矢が立つことになったのだ。

それは、掃海艇「六隻」を柱とするプランであったが、しかし実際、掃海艇は「四隻」に減らされ、第一掃海隊群から「ひこしま」「ゆりしま」、第二掃海隊群から「あわしま」「さくしま」の四隻（いずれも「はつしま」型）、そして、掃海母艦に「はやせ」、補給艦に「ときわ」（とわだ型）が選ばれた。

ペルシャ湾掃海部隊を束ねる指揮官に選ばれたのは、第一掃海隊群司令の落合畯《おちあいたおさ》一佐であった。

数年前、テレビ番組でペルシャ湾派遣当時の話を聞くという企画があり、落合元海将補に、当時の思い出を語ってもらった。私は、あの、初の自衛隊海外派遣の指揮官と会うのだと、えらく緊張したが、実際はまったく想像とは違い、初対面の、たいして知識もなかった私にも壁を作らず接してくれたことが、今でも忘れられない。

「じゃがいもの皮も剥いたんだよ」

掃海艇派遣の思い出話の中には、そんな言葉も飛び出した。ペルシャ湾で、じゃがいも？　一体どういうことなのか。じゃがいもの種明しは、追々するが、ある時、私は思いがけず、その気さくな指揮官の過去を知ることになったのである。

落合群司令とは

「人殺し集団は出て行けー！」

昭和四十七年五月十五日、沖縄の本土復帰が決まった時のことであった。海上自衛隊の一等海尉だった落合は、沖縄に赴任した。

防衛大学校（七期）から海上自衛隊へ、以来、掃海の道を歩み、すでに各所で艇長の経験もしていた折、この沖縄返還を機に落合は自ら、この地に赴任することを志願したのである。

現地に配属されていた第三十五掃海隊艇長に、という希望は叶わなかったものの、沖縄勤務は実現し、赴任先は防衛庁沖縄地方連絡部名護募集事務所。所長として隊員募集にあたることになる。ビルの一室を借りて事務所を開設したのはよかったが、それからが苦難の連続であった。

自衛隊の沖縄移駐に対し、県民は激しく反発。あちこちでデモが起こり、島中がシュプレヒコールで溢れていた。募集事務所の前で三百人近いデモ隊がピケをはっていて、中に入ることができない。止むを得ず警察機動隊の出動を要請、やっとのことで事務所に入ろうとしたら、鍵穴がコンクリートで固められていたという。

沖縄に赴任したが、しばらくは住まいも見つからなかった。というより、適当な借家を見つけても、最初は「どうぞどうぞ」と引き受けるものの、翌日になると必ず断られた。そんなことが十回以上も続き、仕方なく、狭い事務所のコンクリートの床にマットと毛布を敷いて寝たのだという。

風呂は銭湯通いの日々であったが、その道中には事務所の入っているビルの壁、電柱、掲示板全てがデモ隊などの張った真っ赤なビラで埋め尽くされ、事務所前には毎日、朝八時から夕方五時まで教職員組合の二十人もの人々が座り込んでいるといった状態であった。

ある日、真夏の沖縄、外での座込みはいくらなんでも辛い。落合は見るに見かねて、冷たい水を持って行かせた。すると、「ありがとうございます」と丁寧に頭を下げて、好意を受け取ってくれる。そんなことが続くようになり、そのうちに帰り際には、「所長さん、ほうきと塵取りを貸してください」と、自分たちが座っていた場所を掃除して帰るようになったのだという。

そのうち、その中の人と、夜、一杯交わしながら話すようにもなった。よくよく話せば、相手も国防は絶対に必要だと言う、ならば座り込みを止めて欲しいと頼むが、それは立場上できないと引かない。しかし、こうして胸襟を開き、話せるようになったことで、お互いの置かれた立場も確認し合えた。これは確実な進歩であった。数カ月後、名護の街は「美化運動」という名目でビラが剥がされた。デモも座り込みも十月には全て終わったという。

ペルシャ湾掃海部隊の指揮官、落合畯氏（海上自衛隊）

それにしても、なぜ落合は、あえて沖縄行きを希望したのだろうか。

実は、落合がずっとこだわり続けていた場所、それが紛れもない「沖縄」だったのである。

落合の父は、昭和二十年六月十三日の沖縄での防衛戦を、最後まで戦い抜き自決した、沖縄方面根拠地隊司令官大田實少将（死後中将に昇進）であった。同年六月六日の大田中将の打電はあまりにも有名だ。

「沖縄県民斯ク戦ヘリ　県民ニ対シ　後世特別ノ御高配ヲ賜ランコトヲ」

この言葉は、今なお、人々の心を打つ。落合は、父の最期の地である沖縄で、沖縄の人たちのために何かができたらという気持ちを、幼い頃から抱き続けていたのだ。それが、行ってみれば、手厚い歓迎ぶりであった。大田中将の息子ということがあったとしてもである。

しかし、落合は乗り越えた。困難に挫けない逞しさ、それは掃海屋の前提条件なのだ。なお、この経緯については『沖縄県民斯ク戦ヘリ』（田村洋三著）に詳しい。

難航した要員確保

そんな落合を指揮官として、ペルシャ湾行きの部隊は編成されることになったのだ。

しかし、海上自衛隊の各部隊において、定員を満たしているところはないのが実情である。掃海艇に関しても、定員の四分の三程度しか乗り組んでいない。そこで、このペルシャ湾派遣には、せめて定員だけは満たしてやりたいという関係者の配慮により、不足していた人員を急遽、各部隊から引き抜くことになった。

隊員の確保は急ピッチで進められた。とにかく時間がない。かといって、派遣が決定し、命令が下されなければ動きようがなかったのだから仕方がない。人選は出港の十日前でもまだ内密に行なわれ、中には、四月十八日付発令で北海道から急遽、横須賀にやってきて、そのまま港を出たという隊員や、訓練のために八戸にいた者が洋上からヘリコプターで空港に降り、そこから飛行機に乗り換えて厚木に、そのまま横須賀に赴任した隊員もいたという。

「優秀な人材を出してくれよ」

そう厳命したので、さぞかし選りすぐりが来ると期待したら……、

「うーん……、コイツ大丈夫か、というのもいました」

とは、ある幹部の言葉。しかし、その「大丈夫か」と言われた者たちが、むしろ、派遣を終えた時に大成長していた、なんていう話を聞くと胸が熱くなる。そもそも、掃海部隊は、ピカピカの白い制服というより、汚れた作業服で力仕事をする人たちであり、「掃海部隊に来ると、なんかマズいことでもやったのか」なんて言われてしまう集団なのであった。

そして、現場での実務が全ての掃海部隊には、防衛大学校などを出たいわゆるエリート幹部ではない、「叩き上げ」幹部の存在も極めて大きい。現場を知っていないと、ここでは一人前になれないのである。そうした意味で、最新鋭の護衛艦や潜水艦、航空機などを操る海上自衛官とは、ちょっと違う人たちであったのだ。

そして、集められた派遣隊員は、十九歳から五十歳を超えた定年間近の者まで、実にさまざまな総勢五百十一名であった。と言っても、彼らは決して強制されたわけではない。それぞれに家庭の問題などいろいろな事情もあるわけで、辞退者が二十五パーセントくらいはあるだろうという予想があっ

た。

ところが、ふたを開けてみると辞退したのはわずかに五名であった。それも、本人は熱望したもののドクター・ストップがかかったとか、親御さんが病気でやむを得ずというケースであった。その場合、本人の意思に反して、指揮官が無理やり降ろした者もいたという。

しかし、結婚式を目前に控えていながら挙式を半年間延期した隊員、予定していた娘の結婚式に出ることを諦めて派遣に参加した父親、出港した日に母親を亡くした隊員もいた。しかし、息子を動揺させてはいけないと、父親はあえて連絡してこなかった。

『ペルシャ湾の軍艦旗』によれば、補給艦「ときわ」では四月十六日の午後、ペルシャ湾派遣に参加を望まない者は、その日の十六時までに分隊長に申し出るよう告げられたとある。家族とゆっくり話し合う暇などない。しかし、これはむしろ自衛官にとっては当然のことと、彼らは捉えていた。

「事に臨んでは危険を顧みず……」と、服務の宣誓をしている自衛官は、そもそも自分自身や家族に先んじて、国民のために任務を遂行するというのが基本的な考え方なのである。

そうはいっても、とかく「個」が重んじられる世の中となっていた。自衛官ではあれども、それぞれの都合を優先させる者も多いのではないか、と考えてもおかしくなかった。

とにかくこの日、彼らに与えられた考える時間は、たった数時間であった。

そして、「ときわ」の時計が十六時を指した。

結局、一人の辞退者も出なかった。全ての乗組員が、ペルシャ湾に行くことを決心していたのだ。

それぞれの出港

それから出港まで、怒涛のような準備が始まった。

森田は、とにかく機雷掃海に関する資料を読み漁った。特に朝鮮特別掃海隊に関して調べると、異国の地で未知の機雷に挑むことの怖さを改めて感じるようになる。あの朝鮮掃海からすでに四十二年が経っていたが、森田たちにとっては、この先人たちの貴重な経験の記録だけが頼りであった。

朝鮮掃海の教訓から、触雷に備えて艦橋の天井などには分厚いクッションを張る。その作業を進めるほどに、「もしかしたら、帰って来られないかもしれない」という不安な思いが募る。ペルシャ湾に赴く、たった四隻の掃海艇のうち、どれかがＭＳ14号と同じ運命を辿ることになったら？

考えたくないことだが、最悪の事態を想定するのが指揮官の務めであった。その「もしかしたら」の場合のことを考え、冷静にその対策を講じなければならないと思った。万一、死傷者が出た場合、「残された家族にどれだけのお金が支払われるのか」という問題と向き合う必要があったのだ。

森田の頭をよぎったのは、ＭＳ14号のことだけではない、実際にペルシャ湾では、米海軍の強襲揚陸艦「トリポリ」、巡洋艦「プリンストン」の二隻が、触雷によって被害を受けている。

森田は、派遣隊員が加入している保険を片っ端からチェックし、数社の担当者を呼び、隊員が死亡した場合、保険金が支払われるのかどうか聞いてみると、大半の会社が「出ない」という答えであった。森田は、残された準備期間に、どうしてもこの問題を解決して行きたいと焦り、隊員たちの加入する保険会社を、全員、支払われるところに変えさせようと考えたが、結局、海幕が保険金の支払いなど、全ての隊員の補償について大急ぎで手配を進め、保険金は支払われることになった。

しかし、その時、ある保険会社の人間が言った言葉がズシリと響いた。

「保険金は出るようになりましたから。掃海艇一隻まるまるやられても、ざっと四十人そこそこだから、それくらいではウチの会社はつぶれませんよ」

きっと、安心させようとしたのであろう。しかし、出港前の心境にはこたえた。

「四十人そこそこ……か」

その四十人余の人生、家族、恋人、忠誠心……、そんなこと全てを重ね合わせたら、彼らを失った時の損失はあまりにも大きい。何億円あっても足りないのだ。

一人一人が紛れもなく、この国の誰かにとって最も大切な人であり、またこの国の宝なのだ。それを、死んだ時に出る金がいくらか、などと画策していることそれ自体が虚しくもなる。

「もし、死んだら」

そんな縁起でもないことを言うな、というのが普通の感覚かもしれない。わが国においては、政治家ですら、そうした感覚でいる。一般的な常識はともかく、国のために、危険を顧みず命を落とした人に対し、国としてどう対処するのかを予め想定しておくのは、当然なのだが。

当時、公務員が公務で死亡もしくは高度障害を負った場合に、国から支払われる賞恤金《しょうじゅつきん》は、最高で千七百万円が限度であった。政府が今回の派遣に関し、この賞恤金の引上げなどの「湾岸手当」をようやく決定したのは、派遣部隊が港を出た当日の、四月二十六日であった。

もとより、彼らはそんなことよりも、たった一言のねぎらいの言葉があれば、それでいい。「ご苦労様」「ありがとう」といった言葉をかけることにお金はかからない。しかも、この言葉の投資すればするほど、自衛官が気持ち良く任務を遂行でき、それが日本の平和に貢献するならば、こんなにお得なことはないと思うのだが、なぜか、わが国の現実はあべこべなのだ。

ペルシャ湾への出港時も、各港に派遣に反対する市民団体が、数十隻のボートで海上デモを展開したり、「掃海艇派遣反対」の横断幕を掲げてシュプレヒコールを続けたが、こうした行為が、いかに隊員やその家族を傷つけるか、人権云々と叫ぶ人たちは、その点はどうでもいいのだろうか。彼ら、派遣隊員はあくまでも「命令」によって行くのであり、港で声をあげても本来、意味が無く、いたずらに隊員たちの心を苦しめるだけなのだ。

話は飛ぶが、最近、名古屋高裁で、イラク特措法に基づく航空自衛隊のクウェートでの輸送任務に対し、「平和的生存権を侵害し、精神的な苦痛を強いられた」として起こされた損害賠償訴訟では、国側が勝訴したものの、傍論の中で「自衛隊派遣は違憲」であるという裁判長の見解が述べられたことで、その部分だけがクローズアップされるという出来事もあった。

傍論は、いわば裁判長の独り言のようなもので、判決には影響しないが、この場合は、国が勝っているので上告もできず、むしろややこしい。こうした裁判には勝利したのに負けたも同然のダメージを与えられる「ねじれ判決」が近頃、流行っているようで、不愉快な思いをしている関係者も多い。

法曹資格を持つ裁判長の出した「違憲」との判断に、私がとやかくは言えないが、それならば早く憲法を変えるのが賢明であろう。そうしなければ、今後も、国外に派遣される自衛隊は「違憲だ」と判断される可能性があるからだ。その時に、現場で汗を流す自衛官の気持ちはどうなるのか、あるいは、派遣隊員の子供は、どんな思いをするか。

繰り返しになるが、自衛官はその担う任務に命を懸けるのである。それなのに、「憲法違反」と言われて死んでいく、その悲劇を、我々はあの朝鮮特別掃海隊派遣の際にすでに経験しているのである。あれから四十年以上が過ぎたこのペルシャ湾派遣でも、そしてペルシャ湾派遣から二十年近く経った現在に至っても、何も変わっていないということは、政治の怠慢と言う以外ない。

しかし、シビリアン・コントロールとは、この怠惰で決断力の無い政治が軍事を支配するという意味である。シビリアン・コントロールは、それを受ける側だけがいつも問題視されているが、「コントロールする側」が、真に相応しい仕事をしているのかどうかも厳しく点検する必要があるだろう。

ハッキリ決めることを避ける日本人の曖昧な気質も、一つの個性ではあるし決して悪いことばかりではないと、私は思うが、防衛庁が防衛省に変わり、自衛隊の任務が様変わりしていく昨今では、現場でその矛盾と戦っている彼らが、いつか、無理やり歯をくいしばって保とうとしていた精神のバランスを、崩してしまうのではないだろうかと心配でならない。いや、もうすでにその歪みが出てきているかもしれない。

自衛隊は都合の良い「愛人」ではないのだ。命懸けで尽くしてもその位置付けが曖昧で「正妻」になれないなんて、不憫でなくて何であろう。一刻も早く、国家との正式な関係を公言して欲しいと、切に思う。

いざ、ペルシャ湾へ！

さて、そうした憲法の問題や政治の日程にかかわらず、粛々と準備は進められていた。

補給艦の「ときわ」には、燃料、水、糧食、その他さまざまな物資が搭載され、掃海母艦の「はやせ」には、機雷処理に必要な弾薬などを積み込む作業が急がれていた。

畑中一泰曹長（元海上自衛隊先任伍長）が通信員として掃海母艦「はやせ」に乗艦したのは、出港一週間前であった。江田島で教官をしていた時に急に命令が下った。とにかくダンボールに荷物を詰め込み準備を急ぐしかない。

「はやせ」は、そもそもが日本近海で運用する設定で建造されているため、外地に適応する通信機器を備えなくてはならず、突貫工事で設置作業にかかった。毎晩、午前二時に帰宅、朝六時には作業を開始していたという。その忙しさは、港を離れた時、やっと一息ついたというほどであった。

また、対潜用の魚雷を満載するために、土日返上で隊員たちが作業にあたっていたが、やっと全てを積み込み終えたら、今度は「魚雷は載せてはいけないことになった」ということで、大急ぎで降ろすことになり、大混乱になったという。『ペルシャ湾の軍艦旗』では、

「ミッドウェー海戦で、魚雷—爆弾—魚雷と兵装転換の混乱が敗北の最大の要因になったことがあったが『はやせ』の場合は戦闘中でなかったのが幸いだった」

と、あり、思わず苦笑してしまう。

そして、官邸からも防衛庁に次々に指示が出されたが、その中身は、「艦を白く塗れないか」とか、「大砲をしばって使えなくしろ」といった、とんでもないものばかりだったのだそうだ。

そんな中、「ときわ」には隊員の目に触れないよう、密かに積み込まれた物があった。それはボディバッグ、遺体を入れる袋である。数にして四十袋、掃海艇一隻分であった。「縁起でもないこと」「考えたくないこと」であったが、それを想定するのが普通の軍隊なのだ。

こうして、四月二十三日には、連日、徹夜同然で行なわれた全ての準備が完了。ペルシャ湾派遣が

正式に閣議決定されたのは、二十四日夜のことであった。

その法的根拠は、自衛隊法九十九条（現八十四条二項）「機雷等の除去」。些か牽強付会《けんきょうふかい》ではあったが、このようにこじつけなければならないわが国の法体系の方が問題であって、むしろ、そこを乗り越えても派遣を実現させたことは、「よくやった」と言うべきものかもしれない。どんな国にも国内事情があり、国益のためという強い信念があるなら、多くのしがらみを半ば力技で乗り越えるのが時のリーダーの役目だ。どんな反発を受けてもだ。

そして二十六日、いよいよ出港の時が来た。

六隻の船はそれぞれ違う港、横須賀、呉、佐世保の各港から旅立つことになる。

横須賀からは、補給艦「ときわ」と掃海艇「さくしま」「あわしま」が長い汽笛を鳴らして出港した。見送りに来た家族や、制服姿の自衛官は三隻の姿が見えなくなるまでいつまでも手を振り続けていた。自衛艦からの登舷礼、防衛大学校のカッターからはオールを立てた敬礼、空からは航空機の見送りを受けた。

呉からの出港は、掃海母艦「はやせ」と掃海艇「ゆりしま」であった。

畑中は長男のことが気になっていた。小学校一年生だった長男は、午前中は遠足で、午後から派遣部隊の壮行式に、幼稚園に通っていた次男と来る予定であった。今日まで、あまりの慌ただしさで、ほとんど話もできていない。子供たちの起きている顔を見られるのは、この時しかないのだ。

ところが、当日になり、準備が予定より早く整ったため、午前中から隊員は家族たちと、一緒に過ごせる時間ができた。畑中の妻は急遽、車を飛ばし、長男の遠足先まで迎えに行ったという。妻の機転で、諦めていた家族との時間を持つことができ、ほんの少しだったが、親子で過ごすことができた。留守家族のこうした冷静沈着な姿勢が、派遣隊員にとってはどれほど心強かったであろう。これから気の抜けない厳しい任務につく時に、目の前で不安な表情をされたら、どんなにタフな者でも辛い。

そして、送り出す妻にとっては、夫のため子供のためにも簡単に弱音は吐けない。歯をくいしばるのは、現場の隊員だけではない、妻たちも同じなのだ。

しかし、そんなことを考慮しない、心無い報道も多かった。畑中の妻も、「子供が不憫です」と言ったことにされ、どこかの記者が書いたのだというが、そんなことは決して言っていないという。悪意の捏造《ねつぞう》か、記者の思い込みが、そのように聞いた気にさせてしまったのか、いずれにしても、自衛官の妻として、家族として、懸命にその務めを果たそうとしている人々に水をさすような記事が多かったのは確かである。

長崎は、この日も雨だった。佐世保からたった一隻参加する掃海艇「ひこしま」。この小さな掃海艇に森田第十四掃海隊司令が乗り組み、雨の中、大勢の人々に見送られ静かに岸壁を離れた。

すると、護衛艦「まきぐも」が家族たちを乗せて、そして第十四掃海隊所属の掃海艇「やくしま」

「なるしま」が共に併走した。港外に出ると、護衛艦「くらま」など八隻も加わる。

それぞれの乗組員だけでなく、艦艇までもがエールを送っているかのように、共に海上を駆ける。最後はまるで観艦式のように十一隻が一列に並び、反航しながら遠ざかって行った。「ひこしま」では、見送りに来てくれた十一隻の美しい隊列に、大いに沸き、互いに「帽振れ」を交わした。やがて、見送りの艦艇が遠ざかり見えなくなってしまうと、艇内はシーンと静まり返ってしまったという。

実は、この四月二十六日という日は、海上自衛隊にとって特別な意味がある日であった。昭和二十七年のこの日、海上自衛隊の前身である海上警備隊が発足したのだ。三十九年が経った平成三年の同じ日に、画期的な一歩を踏み出すことになったのである。

二日後、六隻は奄美大島で合流する。ここでやっと「部隊」の体を成したのであった。特にたった一隻だった「ひこしま」にとっては心強い仲間との対面となった。

翌朝、各隊の司令、艦長、艇長、幕僚が補給艦「ときわ」に集合し、顔合せと研究会が行なわれたが、実際、これまで湾岸戦争の蚊帳の外にいた日本には、現地についての情報は、何一つ入って来ておらず、結局、この場では、これから通過するインド洋でモンスーンに遭遇しないよう航海を急ごう、というような話に終始した。

何かと不安の多い旅立ちに違いなかった。そして、ペルシャ湾はあまりにも遠い。大きな護衛艦ならばいざ知らず、今、向かっているのは、比較にならないくらい小さな、それも、木造の掃海艇を中心とした部隊である。

加えて、自衛隊の海外派遣は堂々と認められておらず、自衛隊法にその根拠を見出しての船出だ。国としては最大限の努力の結果だったかもしれないが、実際に行く彼らにとってみれば、要するに何の「お墨付き」も与えられないままで、大海に飛び出さなければならなかったのだ。

そんな思い、戸惑いを乗せながらも、部隊はゆっくりと、しかし確実に日本から遠ざかって行くしかなかった。

するとその時、外で何か大きな音がする。見れば、海上自衛隊のP３C哨戒機、そして航空自衛隊の戦闘機F４ファントムが編隊で飛来、空からの見送りに来たのであった。

最後は同じく空自のC１３０輸送機が見送りに来た。なんと、操縦桿を握っているのは小牧基地司令だ。本来ならば、このC１３０輸送機も、国際貢献に参加するはずであったが、不甲斐ない政治のために叶わなかった。その思いからか、C１３０は、しばらくの間上空を旋回していたという。

また、四月三十日には石垣島沖で、夜、後方からスピードを上げて接近して来る船があった。見ると、海上保安庁の巡視船「よなくに」である。マストには「ご安航を祈る」を意味する国際信号「UW旗」が揚がっている。しかも甲板には海上保安官が登舷礼で並んでいるではないか。

海上保安庁と海上自衛隊、「海」を同じ職場とするものの、それだけに微妙な間柄とも言える、近くて遠い関係の彼らだが、しかし、「シーマンシップ」という、海の男にしか見えない太い鎖はそれをも凌駕するのであろう。発光信号を点滅させながら次第に遠ざかる巡視船を見送った。

これが、国内最後の見送りとなった。

自衛隊初の海外派遣、その舞台裏

一方、派遣の舞台裏でも、多くの人たちが関わり、眠る間のない作業を進めていた。

今でもそうだが、海外での活動などでは、現地に赴く隊員の姿がテレビなどに映し出される機会が増えたため、そこにばかり目を遣ってしまいがちだが、彼らの後ろには、幾重にもなって彼らを支える隊員がいるのである。

彼らのいない間、代わりに任務を担う者、彼らが少しでも任務を遂行しやすいように細かい調整をする者、彼らの活躍を一人でも多くの人に知ってもらうために広報をする者、そうしたいわゆる「後方」の人々がいなければ海外派遣など絶対に成功しないのである。

古庄幸一（のちの海上幕僚長）は、海幕広報室長としてこの間、いわば「前線」にいたと言っていい。防衛省・自衛隊における広報の仕事は一般企業の広報部署と比べたら、特に困難で能力が求められる仕事と言って間違いない。

言うまでもないが、自衛隊においては情報の取扱いが極めて重要で、情報保全という意味合いから

当時、海幕広報室長だった古庄幸一氏はペルシャ湾掃海の様子を多数スケッチした

も、慎重になって当然なのである。触らぬ神に祟りなしで、なるべく守りの体勢でいたいものだ。

しかし、広報の仕事は、そんな姿勢では落第点を押されてしまう。ただでさえ、自衛隊にはマスコミも世間も非常に厳しい。悪い事はいくらでも大きく取り上げてくれるが、自衛官が人を助けたり、厳しい任務において殉職したとしても、それはほとんどニュースにはならない。

そんな、頑張っても、とかく報われない彼らの情報を広く発信してくれる頼みの綱は、やはり、これもマスコミしかないのである。他方で、このマスコミを敵に回すようなことがあれば、自衛隊は孤立無援になるだろう。最新鋭の装備を持つ自衛隊といえども、マスコミの「攻撃」を防いだり、やっつける兵器は今のところない。したがって、報道陣をいかに味方につけるかが、海の向こうの国を相手にする以上に重要課題なのである。

それだけに広報室長のポストというのは、極めて重責である。しかし、ここは決して「専守防衛」の部署ではない、情報を次々に「出す」こと、あたかも最前線で鉄砲を撃ちながら前進するような「攻め」のスタンスでないと務まらないのだ。

自衛隊が初めて海外に赴く、世間は大手を振って「行ってらっしゃい」とは言わない。「日本が戦争をする国になる」と不安を募らせ、その目的や日本国民にもたらす効果をきちんと考えることなく、やみくもに「海外派兵は反対」と叫ぶ人の方がまだまだ多い中で、当事者である海上自衛隊のスポークスマン的立場にあった古庄の責任は重大であった。

何もかもが前例のないことばかりであった。毎日毎日、何らかの判断を求められる。そして責められる、叩かれる、そんなことが、遠い海に派遣される隊員やその家族に影響しないようにかばう。留守部隊の彼らにとっては、むしろ現場に行った方がいいな、という思いだったのではないだろうか。

実は、古庄は掃海畑を歩んできた人物であった。掃海艇乗りは、自身のことを「掃海屋」とか「海の掃除屋」と呼び、護衛艦乗りのような、いわゆる「花形」とは違う雰囲気がある。これは、「掃海ゴロ」と呼ばれていた頃からの「伝統」が受け継がれているとも言える。だからこそ、古庄がその後、海上幕僚長に就任したことは、職種の点からすれば意外性があったのだ。

自らを「海の掃除屋」と呼んでいた古庄にとって、掃海部隊の派遣は感慨深いものがあったことであろう。本来なら「記者」ではなく「機雷」を相手にしたいところだったかもしれないが、部隊の派遣にあたっては、「触雷必至」の海幕長会見を開かねばならないのであった。

派遣が決定した出港二日前の四月二十四日、会見の準備が整ったのは深夜になってからであった。通常なら記者クラブの会見場で臨む会見だが、この日は時間も時間であったため、海幕の部屋での会見。すぐ目の前に記者たちが座り込み待ち構えている、異様な空気の中で行なわれた。

なんだかんだと紛糾した会見が終わったのが午前二時であった。しかし、数時間後にまた彼らの一日は始まる。少しでも睡眠がとれるかどうか、疲れ果てて官舎に戻りシャワーを浴びたのは午前四時頃。もうすぐ夜が明ける。

これは、文字通り、海上自衛隊の夜明け前であった。

海上自衛隊の誕生日にあたる四月二十六日に、初の海外派遣という新たな一歩を踏み出すなんて、いかにも相応しいと、古庄は考えていた。

「夜明けか……」

改めて、この言葉を噛みしめた。

ふと気づくと、表が何やら騒々しい。

「一体、何だろう」

どうやら、官舎の敷地内の駐車場で何かが燃えている。消防車が駆けつけ、騒ぎになっていた。

後で聞くと、ペルシャ湾派遣に反対する過激派による放火だったという。しかも、間違えて陸上自衛隊の官舎で火を点けたので、気の毒にも陸自の隊員の車が被害に遭ってしまったのだ。

そして、とんだとばっちりは、古庄にも降りかかってきた。ちょうど犯行時間の直前に官舎に戻ったために、警察に呼び出されるハメになってしまったのだ。出港前の慌ただしさの中、泣きっ面に蜂のような出来事であった。

さて、「情報を発信する」という役割では、広報が大変重要であるが、「情報を収集する」ことも誰かがやらなくてはならない。これまで一切、各国の活動に参加することがなかった日本には、情報がまったく入って来ていなかったのである。

河村雅美二佐（のちの掃海隊群司令）は現地調査団として、派遣部隊が出港した八日後に日本を出発した。普通に考えれば、派遣部隊より先に調査団が行くものだが、派遣の決定が遅れに遅れたため、こうしたことになってしまったのだ。

まず最初に河村が案じていたのは、掃海艇の「磁気」のことであった。日本の掃海艇は木で造られていて、釘なども磁気を帯びにくい非磁性金属が使われているが、長い時間一定方向に航行を続けると船そのものが磁石になってしまい、機雷に反応してしまうかもしれないのだ。

そのため、機雷原に入る前に磁気チェックをし、磁気を量り、消磁の必要があれば、その作業をしなければならなかった。日本の部隊にはその装置がなかったので、イギリス海軍が無償で使わせてくれることになった。河村はその調整にあたっていたのだ。また、派遣期間中、寄港地に先んじて入り、さまざまな調整に奔走したメンバーの一人である。

遅れて活動に参加する日本、情報がない日本、そもそも海外に行く備えがない日本、何もかもが足りないわが国の、その足りないところを補うのが現場の主たる仕事であった。こうして海上の隊員だけでなく、あらゆるところで多くの者が奮闘し、はじめて一つのオペレーションが成功するのである。

派遣部隊の心の内

出港後、四隻の掃海艇を指揮する森田は思いを巡らせていた。ある若い隊員がやって来て言った言葉が頭から離れなかったのだ。

「僕たちのやっていること、間違ってないんですよね」

すがるような瞳に、森田は一瞬、声を詰まらせた。港を出る時に、見送りの関係者に交じって派遣に反対する人たちも集まっていて、対岸から大きな声で、「二度と帰って来るな！」と、叫んでいたことを気にしたのであろうか。また多くの隊員が、預かって欲しいと遺書を持ってきた。

「おい、何かあれば、俺だって……死ぬんだぞ……」

この頃から自分たちは本当に行くんだという意識が、フツフツと湧き上がってきていた。

森田自身、気持ちを落ち着けるためにと、初めて写経の本を買い持って行ったのだが、そんな暇はまったくなかった。それよりも、隊員たちが今、何を考えているのか、悩んではいないか、毎日、顔をよく見て、ほんの小さな心の動きでも見逃さないように、とにかく心を配った。

出港前、読み漁った数々の資料の中に、インド洋では、太平洋などに比べ自殺が多いというデータを見たことがあるが、確かになぜだかわからないが、寂しさ、虚しさがこみ上げてくる。この海のせいなのか、あるいは日本から三週間ほどという時間が、そうさせるのか、大海原の中では、小さすぎるこの船、そして自分自身、日本という国までもが、あまりにも小さく感じてしまう。自分たちは間違っていないと信じる心、志までも、あっという間に波間に呑み込まれてしまいそうな気がする。

そんな、張り詰めていたものが、ふっと切れそうになったその時であった。掃海部隊は信号を受信する。

「何か必要なものはないか？　頑張れ！」

日本のタンカーからであった。日の丸を掲げた巨大なタンカーが、まるで漂流する小船を救いに来たかのようにゆっくりと近付いて来る。こんなに遠くの海でも、日本の船に会えるなんて！

この海域を通って日本のエネルギーの源を運んでいるのだ。それなのに日頃、インド洋やマラッカ海峡を通って、長い航路を経て来るこうしたタンカーのことなど、意識することはない。

補給艦「ときわ」から物資を積み込む掃海艇（海上自衛隊）

だが、この船とその船員たちの存在なしには、日本は存続できないのである。頼もしい、まことに頼もしい同胞であった。送られた激励の信号に、心が震えた。

「俺たちのやっていることは、間違ってなんかいないぞ！」

中東から日本に向かうタンカーの通り道であるペルシャ湾の機雷を除去し、安全な環境をつくることが、日本のためでなくて何であろう。日本の生命の源を運ぶ彼らを、不安な海で航行させてはなるものか。彼ら掃海部隊の隊員たちには、はっきりとその目的を認識したのである。日本のシーレーンを守ることは、そのまま日本を守ることでもあるのだ、と。

こうして、数々の日本の船に励まされなが

ら、到着までに、フィリピンのスービック米海軍基地、シンガポール、マレーシアのペナン、スリランカのコロンボ、パキスタンのカラチに寄港し、日本の掃海部隊はとうとう五月二十七日、目的地であるドバイのラシッド港に入港する。奇しくもこの日は「海軍記念日」、日露戦争の日本海海戦における勝利の日という、日本の海軍にとって意味の大きい日であった。

落合は、やや緊張しながら、早速、米海軍中東艦隊旗艦「ラサール」（指揮艦）にテイラー米海軍中東艦隊司令官を訪れた後、各国部隊指揮官の調整会議に出席した。

落合の胸の内には、最後に現場に入ったドイツ海軍よりも、さらに一カ月も遅れて作戦に参加する日本の部隊が、すでに千二百個の機雷のうち、八百個が除去された現時点で、今さら何をしに来たと、冷ややかな目で見られるのではないかという思いがあった。

しかし、対応はまったく違った。米国はじめ、各国の指揮官たちが「本当によく来てくれた」と、心から歓迎してくれたのだ。

実は、大半の機雷が処分されたといっても、比較的処分しやすいものから掃海が行なわれ、残されている機雷は、その除去作業が難しい場所ばかりだというのだ。そのために日本の力は有難かった。

話が逸れるが、私はこの出来事から、第一次世界大戦における日本の第二特務艦隊派遣のエピソードを思い出した。

当時、イギリスと同盟関係を結んでいた日本は、再三の派遣要請を受けていたものの、それに応じず、無差別に海上交通を脅かすドイツのUボートに対しても、そこを日本の艦船がひんぱんに通るにもかかわらず、何の手立てもせず、ただ恩恵だけを受けていた。

これが世界の顰蹙《ひんしゅく》を買うことになり、政府は、やむなく地中海に海軍を派遣し、ここを通る艦船の護衛任務にあたらせることにしたのだ。そして地中海に赴いた第二特務艦隊は、遅れてきた部隊ではあったが、他国がやりたがらない最も危険な海域での護衛任務を買って出た。そしてそればかりか、他に類を見ないほど懸命に任務を遂行し、イギリスの艦船をして、「日本の護衛でなければ嫌だ」と言わしめるほどの成果をあげたのである。この第二特務艦隊の派遣で、七十八名が命を落とし、その慰霊碑は今でもマルタ島にひっそりと立っている。

落合の心境は、この第一次大戦時の第二特務艦隊を率いた佐藤皐蔵司令官と似ていたのではないかと想像してしまうのだ。そして、この後の日本部隊の活躍ぶりもまた、非常に似ているのである。

いよいよ作戦開始！

掃海部隊が作戦海域に出る前に、まず行なわれたのは磁気チェックであった。これは操艦にかなりの技術が求められ、各国の海軍は通常、一隻につき、一日以上はかかっていた。しかし、海自の部隊は四隻の磁気チェックを半日で終わらせてしまい、各国海軍を驚かせたのだという。

ドバイの港の様子（古庄幸一）

そして、いよいよクウェート沖の作業海域に向かう。強い風に吹かれ、小さな掃海艇は木の葉のように揺れた。

六月五日から始まった作業は、四十度を軽く超す高温の中で行なわれた。しかも万一の蝕雷に備え、ヘルメット、救命胴衣を着用しなければならず、さらに陸地からの砂塵や油煙が目や口に入るので、防塵用のゴーグルまで付けるのだ。

隊員たちを苦しめたのはそれだけではなかった。大挙して飛んでくる蚊やハエ、しかもどんな病原菌を持っているかわからない。このペルシャ湾のハエに刺されると、その部分が赤く腫れ上がり半月くらい傷が消えなかったという。

森田は、事前に集めた数多くの情報により、中東の地ではハエが目に入るために眼病が多いと知ったため、ハエ取り紙を用意していた。が、たちまち足りなくなってしまい、大急ぎで海幕にハエ叩きやハエ取り紙を送って欲しいと頼んだ。

東京・六本木の海幕では、なぜそんな物をと首を傾げたが、とりあえず急ぎ送ると、届けられた日本のハエ叩きは、ペルシャ湾のハエには通用せず、一度や二度叩いたくらいではビクともしない。ハエ叩きの方が先に壊れてしまい、修理を重ねながら使用。最も整備が施された「兵器」となった。

しかし、そんな悪条件の中とはいえ、彼らの正面の敵は機雷である。多くの機雷はすでに多国籍軍によって片付けられており、最後にやって来た日本の部隊が挑むのは、多国籍軍が避けて、ペルシャ湾奥のクウェート沖海面に取り残していた約二百個の機雷であった。

見渡せば、日本の隊員の生活は多国籍軍と比べ、かなりハードであった。別にこれは、いわゆる「精神主義」を追求したからではない。「遅れてきた海軍」には、政治の決断が遅かったゆえに、ここに来るまで現地の情報をもらえなかったとか、派遣の人員も必要見積りより減らされたというハンディもあったのだ。そして何より、一刻も早く成果をあげなければ、遠路はるばる来た意味がないというプレッシャーが、「遅れてきた」がために、重くのしかかっていた。そういったさまざまな事情が、個々の作業量も増やしたということもあるだろう。

起床は毎朝〇四三〇、時には気温五十度を超え、汗はかいたそばから飛んでしまう中での作業。米軍では脱水症状で死んだ者も出たほどであった。日没に作業は終わるが、重い掃海具を片付け、その他の後処理をすました後、食事と入浴となると、就寝は二三〇〇過ぎ、燃料や真水の補給があれば、作業終了はゆうに午前一時を過ぎていた。

これを五日間続け、一日休むという日々であった。休むといっても、その日は掃海艇の整備やメンテナンスにあてられたので、完全休養というわけにはいかなかった。このあたりは、航路啓開や朝鮮掃海の際とまったく同じである。

他国の海軍は三日働いて一日休むスケジュールで、それでもキツい作業だったことを考えると、多国籍軍にとって、この「遅れて来て、よく働く海軍」には驚かされてばかりだった。

しかし、彼らは整斉とこなした。実際、普段から、熟睡している深夜に叩き起こされ、「夜間訓練開始!」なんていうことが当たり前にあった。そうした訓練の方がよほど厳しく、またその経験から、どんな天気であろうが動ぜず任務を遂行することができる面々ばかりだったのだ。

また、硫黄島で行なわれている実機雷を使った掃海・掃討訓練での経験が、やはり大きかったという。この訓練も、中断された時期もあったと聞くが、掃海関係者の熱意で復活し、現在に至っている。訓練の継続には相当な気力を要するもの。まして一度途切れた糸を結ぶのは容易ではない。この偉業に尽力した片桐宏平、当時の第二掃海隊群司令(海軍兵学校七四期)が、「継続すること」の意義をしみじみと語っていたのが印象的であった。こうしたOBたちの汗と努力を途切れさせないように、その思いを掃海部隊を含む、現役海上自衛官たちが引き継いでいる。彼らには、先人の言葉に真摯に耳を傾ける姿勢が当たり前のように残っていて、それが海自を支えているのだ。そして、受け継いできた訓練がまさに花開いたのが、ペルシャ湾での実践なのであった。

機雷の海、緊張の日々

しかし、いつ触雷するかわからないという緊張は、これまでにない、大きなストレスとなったことは間違いなかった。森田が、四隻の掃海艇の中心で現場を見つめた指揮官であったのに対し、それを一歩外の掃海母艦「はやせ」から見ていたのが落合である。森田が毎日、隊員の顔を覗き込んでいたように、落合も毎日確認することがあった。

夜、四隻の掃海艇が戻って来ると、各艇に乗り込んで残飯を見て回ったのだ。疲れが溜まると、どうしても食べられなくなる。ストレスで胃腸がやられ、脂っこいものが残る。落合は、隊員たちの言動、表情を見て、残飯も見て、途中から五日連続の作業を四日に減らす決断をした。

しかし、それほど気を配っても、現場で作業をする掃海艇と「はやせ」、そして「はやせ」と海幕の間には温度差が生まれ始めていたという。そもそも、水温や水深はどれほどで、どんな機雷が敷設されているのか情報が乏しく、作業の前に、まずは二、三日、調査をする必要を、現場は当然必要としていた。しかし、さまざまな事情がそれを許さなかった。

クウェート沖で浮流機雷の警戒にあたる「ときわ」乗員（海上自衛隊）

「すぐにとりかかれ」

という命令であった。何もわからないので、機雷の種類を調べるためにダイバーを潜らせなければならない。敵がどこに潜んでいて、何人いて、どんな武器をもっているか、何一つわからない中で、やみくもに斥候を出すような、という例えが適当かはわからないが、とにかくあまりにも無茶だと、森田は無性に腹が立った。部下を危険にさらすことは毛頭できない。そんなことをするくらいなら……、

「俺が行く」

思わず口をついた。無理をして見栄を張ったわけでも何でもない。ただ、ダイバーを先に潜らせ、上がって来るまで、胃を痛めながら待つことを考えたら、とても耐えられない、そう思ったのだ。

周囲の制止を押しのけて、彼は海に入った。機

雷があれば、息が出たときの泡の音に反応してしまうこともあるため、慎重に潜って行く。入ってみて初めて、そこに「情報」があった。

ペルシャ湾にはサメが多く、五十メートルに一匹くらい存在することがわかった。ヘドロで足を取られたり、亀が機雷に見えてしまったり、水中には予想外のことばかりがあった。

水中テレビなどなかったこの当時、事前情報がなければ、こうした確認の作業はＥＯＤの役目、潜る隊員もさることながら、艦上で待つ者にとっても「しんどい」以外の何ものでもない。森田は、最初、とにかく自分で潜ってみたものの、あとはひたすら「待つ身」となった。彼はやめていた煙草をまた吸い始め、頭髪もいつの間にか白く変わっていた。

三十メートルの水深を潜って、上がるまでの限界は八分。六分以上たつと煙草に火をつける。

「前のたばこにも火がついていますよ」

と、指摘されること、しばしばであった。ＥＯＤ員が顔を出すまで、生きた心地がしなかった。甲板に上がってくると、本当にホッとして、思いつくありったけの労《ねぎら》いをしたいと思うが、何十キロもの機材を抱え、強靭な男たちがくたびれきって、ラッタルを上って来る姿を目の当たりにすると胸が詰まり、気の利いた言葉が見つからないのだ。

高まる焦燥感

「待つ身」にとっての時間が長いのは、東京で待つ人も同じだった。

「やっとペルシャ湾に着いたのに、まだ機雷を処理していないのか」「無意味だったのではないか」などと、平気で無責任に報じる日本のマスコミも少なくなかった。それを受けて、海幕としてもだんだんとイライラが高まってくる。ペルシャ湾に着いたら、すぐに何らかの成果をあげなければ、この派遣の是非を問われるかのような追い詰められた雰囲気が、国内にはあったのだ。

それゆえ、結果を急ぐため、昼の間だけでなく、夜も作業するようにという声まで出ていたが、森田は断固として受け入れなかった。

「何かあっても、真っ暗じゃ……遺体も捜せませんよ」

皮肉たっぷりに言い返した。

また、通常、ダイバーは二人で潜るのが常識であったが、一人で行けという案も出た。

「死ぬのは一人でいいということか……」

安全を最大限考慮するという前提でありながら、森田の実感はまったく違っていた。それは「何か成果をあげなければならない」という、関係者の気負い、焦りから来ていたのであろう。

これは海上自衛隊全体に課せられた十字架であった。この自衛隊初の海外派遣が、国内外で目に見える評価を得られなかったら、以後、陸・海・空いずれにせよ、海外での国際貢献活動への参加は後ろ向きにならざるを得ない。それは自衛隊、いや、国際社会の一員として一つ進みかけた日本の歩みの時計を、また元に戻してしまうことになるのだ。

森田は夜中までリポートの作成をしながら、暑さとかゆさの中、イライラを募らせていた。そのイライラする思いは、日本国内で機雷処分の第一報を待つ、海幕はじめマスコミ各社も同じであった。六月十三日には、古庄広報室長引率で、防衛記者団が到着する。しかし、現場にとっては早すぎるタイミングであった。

そう都合良く、機雷処分の瞬間を見せることは難しい。わざわざ日本から取材に来て、たいした取材もできなかったとなれば、記者たちだって肩身が狭いだろうし、現場の隊員にとっても、自分たちの活躍の様子を見せたいのはやまやまであった。しかし、これればかりはどうにもできない。そんな思いの交錯する中、古庄はとにかく、記者たちを連れて灼熱の海にやって来たのだ。

「ときわ」に便乗した彼らは、まず隊員と同じような装備をする必要があった。甲板上に準備されたヘルメットは、熱く焼けていて、持つだけでも大変な状態なのに、まずこれを被らされ辟易《へきえき》。とにかく、暑さと埃、飛び交う虫にはまいってしまい、立っているだけで消耗が甚だしかったようだ。

古庄も、さすがに灼熱の下、重装備で取材をしている記者団を気の毒に思った。おまけに結局、彼らがいる間には機雷の処分はなかったのである。しかし、古庄には、記者たちのこの経験が、きっと「何か」につながるという思いがあった。そして、その通り、このことはその後、報道に影響したのだ。

実際に現場に行き、なぜまだ機雷の処分にまで至らないのか、どんな作業がなされているのか、また何より、現場の悪条件を体感したことが大きかった。気温五十度のペルシャ湾で汗を流す掃海部隊の写真が各所で取り上げられ、「今どきの若者たちも捨てたもんじゃない」と報道された記事を現場の隊員が見て、涙を流して喜ぶ者もいたという。これを機に、マスコミのトーンは変わったのだ。

そして、この時、今回の作戦を「湾岸の夜明け作戦」(Operation Gulf Dawn)と命名すると落合は発表した。このネーミングも、掃海部隊を支える後方との知恵の結晶であったが、湾岸の気候の中で、汗と埃をいやというほど味わったばかりの記者団にぶつけた、その時機を捉えたことも、うまい戦略だったと言えそうである。

一方、記者団の帰国後、現場のコンディションはどうなったか、と言えば、これは悪くなるばかりであった。良くなる条件は何一つなく、悪材料を並べれば枚挙に暇ない。暑さなどの環境の悪さはもとより、疲労も激しい、特にEOD員たちは、夕食を食べながら眠ってしまう者も多かったという。

そして「狭さ」ということも、心身に及んできていた。大きな護衛艦ならばともかく、掃海艇はなにしろ小さい。五百トンに満たない艇内に四十五名ほどの人員がひしめき合っているのだ。そして、

古庄広報室長引率で取材に来た記者団と掃海の様子（古庄幸一）

頭がつかえるような二段ベッドや三段ベッドで寝起きして、常に顔を合わせている。だんだんと、些細なことでの衝突も増えてきていた。

さらに掃海艇が浮かぶ海には、得体の知れない機雷がウヨウヨしているのだから、不安じゃないと言えば嘘になる。見たこともないソ連製の沈底機雷UDMや、係維機雷LUGM145、イタリア製感応式沈底機雷MANTA等々……、そんな危険に取り囲まれているような中では、若い隊員でも食欲旺盛というわけにはいかず、体力は奪われていった。隊員の疲労は、心身ともに限界まできていたのだ。

機雷処分に成功！

そんな絶望的な雰囲気の中、「神風」のごとく「その日」は来た。六月十九日、「ひこしま」が最初の機雷処分に見事成功したのである。

「処分」と一口に言っても、これは大変な作業だ。各国海軍と比べ、日本の海上自衛隊には水中テレビカメラなどの最新の装備がなかったため、機雷の確認作業はEOD員による潜水、つまり人の力に頼るしかなかったことは前述したが、重ねて機雷の処分も、確実に爆発させるためには、やはりEOD員が潜るしかなかった。日本の掃海部隊が成果をあげるためには、彼らEOD員を危険にさらすことを決断するしかなかったのだ。

「ＥＯＤが潜って機雷の種類を確認し、状況により爆破作業もする」

それも、どんな機雷だかわからない状況である。情報を持たない「遅れてきた海軍」の「遅れている装備」では、結局、人が努力するしかなかったのだ。

しかし、わが国の掃海部隊の場合は、その「人」こそが、あらゆる「遅れ」を挽回する力を発揮することになった。最初の機雷爆破はリモコン式機雷処分具によって行なわれたが、これを皮切りに、その後次々に成功した機雷の処分は、ＥＯＤ員の手によるものが多く、結局、湾岸で処分された三十四個の機雷のうち、二十九個がＥＯＤ員によるものであった。

当時、海上自衛隊が、最新の装備や近代化した掃海艇を持っていれば、ソナーによって情報を分析したり、水中テレビカメラで機雷を探したりでき、睡眠不足や疲労、危険をずいぶん軽減できたはずだ。ところが、「先進国」と言われる日本はこの時、サウジアラビアと並び、最もハイテク化に乗り遅れていた。それに掃海艇そのものが、まさかこのような遥か中東の地で使用されるなど想定されておらず、作戦中も、故障や不具合がひきもきらず、整備にあたった隊員の苦労のほどは凄まじかった。

防衛費はマイナスほど「平和的」だと言う人がいるかもしれないが、この縛りのキツい防衛費が、「人への負担」を重くし、むしろ人の命を危険にさらすということをよく知るべきである。

しかし、最新鋭が必ずしもいいわけではない。このペルシャ湾派遣において最も頼られ、精神的支

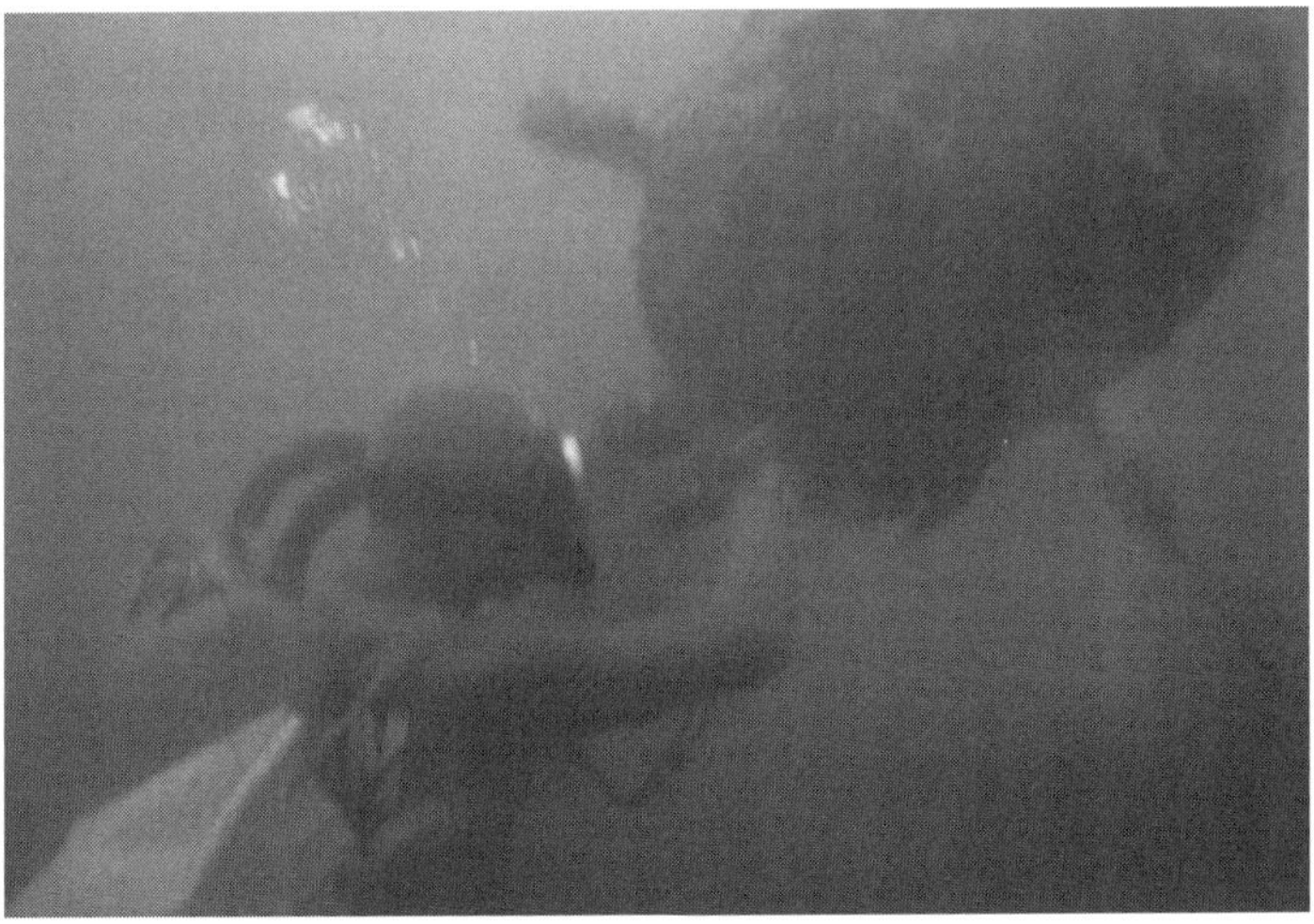

ペルシャ湾で機雷を処分するEOD員（海上自衛隊）

柱となっていたのは、「古い人たち」つまり、先任の下士官、海上自衛隊で言えば海曹長クラスの人々であった。狭くて小さな掃海艇の中では、親父的な存在で、時には厳しく、時には優しく、その存在感は大きかった。彼らは、本来なら若い者がやるような艦首での機雷の見張りを、

「若い隊員はまだまだこれからだ。俺たちはもう十分、人生を楽しんだ」

と言って、率先して務めた。一番危険な任務である。

彼らは自分たちを「年寄り」なんて呼ぶが、実際、まだ四十代から五十代である。しかし、五十代半ばで退官する自衛官は、世間の年齢の感覚とはちょっと違うのである。

一つの船に長く乗ることの多いこうした「現場一筋」の人たちこそが、船に魂を吹き込み、

その船の歴史を作り上げていくのだ。

最年少の艇長

「あわしま」の桂眞彦一尉（元掃海隊群司令部幕僚長）が艇長として派遣部隊の一員に選ばれたのは、実際、本人も驚く大抜擢であった。

桂は、防衛大学校二十六期卒、三十代前半で「あわしま」艇長に就任してすぐに、ペルシャ湾行きが決定した。つまり艇長の経験のない若手が、いきなりペルシャ湾に赴くことになったのだ。

驚きの程度は周囲の方が大きかったのかもしれない。本人は戸惑うよりもまず嬉しさの方が大きかったという。巡り合せの良さで、やりがいのある任務につくことができた、これは多くの先輩たちが、望んでもできないことだ。おのずと胸が高鳴った。

派遣が決定した時、妻は妊娠中であったが、出港の五日後に男児誕生の報を受けるという、まさに幸せの船出であった。若い艇長は、いわゆる「叩き上げ」の先輩たちに支えられながら、その先輩たちを率いる立場となったわけだが、日が経つほどに艇内の雰囲気には暗雲が立ち込めた。

長い間、あの狭い艇内にいれば誰だってイライラするものだ。それに、「ひこしま」が最初の機雷を処分して以来、他の艇が次々に機雷爆破に成功しているのに、六日経っても一つも成果をあげられ

ず、その焦りが艇内の空気をさらに悪化させていた。桂は、なるべくEOD員に声をかけ、励まそうとしたというが、しかし、

「艇長はあまり声をかけてくれなかった」

と、言われてしまったことがショックだった。

自分たちだけが結果を出していないということを、誰よりも気に病んでいたのは、ほかでもない、EODの人たちであった。桂としては努力しているつもりではあったが、本人が最善を尽くしたと思っていても、必ずしも相手に通じているとは限らない。特に気持ちに余裕がない時は、とかく、お互いの思いはすれ違うものである。それに彼らは、高いプライドを持つ職人集団、桂としても、ヘタな言葉はかけられないという思いもあったのであろう。若い艇長にとって、その接し方は難しかった。

自分たちは遅れているという焦りは、桂だとて同じだった。しかし、自身の口から出る励ましの言葉も、受け取る者には、過敏に反応してしまうかもしれず、それからは、桂は艇長として、ひたすら隊員を信じることに徹した。『ペルシャ湾の軍艦旗』によると、

「機雷探知機員（ソナーマン）は一日中、探知機のブラウン管を睨み続けているため、疲れた目から涙を流しながらの捜索という状況で、他の艇には負けたくないという気概が背中に感じられた。それを見て、『艇長が焦ってはならない』と自分に言い聞かせながら探知機員を信じ、単調な作業の日々を送った」

機雷処分の水柱があがった瞬間は何ものにも代えがたい（海上自衛隊）

と、彼のコメントがあり、当時の複雑な心情が垣間見える。

そして、とうとう、その「あわしま」も、第一号の機雷処分を成功させることになったのだ。六月二十五日、柳沢一曹と青山二曹のＥＯＤ員二人が、海中で機雷を確認した。ＥＯＤ員による直接処分と決まり、秒読みが始まった。

「発火！」

の合図で腹に響く強烈な爆発音とともに、機雷処分の水柱があがった。桂はその時の心情を、

「とにかく嬉しく、頬を伝わる安堵の涙をぬぐうことも忘れていた。そして『あわしま』の乗員に対し、『有難う』という感謝の思いで一杯になった」

と、吐露《とろ》している。

桂は、この時、海自における指揮官とは「技量」が必要不可欠と痛感したという。持ち場持ち場でそれぞれが巧みな技術をみせる船乗りにおいては、「人格」だけでは足りないような気がするというのだ。掃海艇では特にそれが顕著であったのだろう。

寄港地での出来事

七月に入ると、船も機材も人員も疲弊は激しく、一度、整備点検を施す必要があったため、バーレーンに寄港することになった。港に着くと、米国、イギリス、ドイツ、イタリアなど各国の掃海艇や旗艦を合わせると三十隻を数え、世界の国々が遠くの国で力を合わせているということを、感じさせる光景であった。

こうした寄港地で、日本部隊は思いがけないことで、各国にまた驚かれることになる。

他国の海軍には、上陸となると、とかく暴力事件などの問題を起こす水兵がいるものだが、日本の掃海隊員には一件たりともトラブルがなかった。そのことが、各国の指揮官たちを驚愕させ、落合は羨望の眼差しで見られたのだ。

「何か特別なことでもやっているのか?」

と、落合はよく真顔で聞かれたが、もちろん、今回の派遣の経緯を振り返れば、隊員だとて直前にバタバタと決まったようなわけで、特に何があったわけではない。かつては「ゴロつき」(!?)のように言われることもあった掃海部隊だとて、普段の教育、海上自衛官としての心得を隊員全員がわきまえた、ただそれだけのことであった。

こんなこともあった。バーレーンの隊員が泊まったホテルで火災が発生した。その日は、当直で「はやせ」艦内にいた畑中は、その報を受けて、自転車で十キロほどの道のりを駆けつけた。しかし、勢いよく飛び出したのはいいが、場所もよくわからない。途中で人に聞きながら、何とかして一時間かけてたどり着くと、煙がすごい。

「大丈夫じゃったか?」

と言い、見ると顔が皆、真っ黒であった。見ると、隊員が手分けをして、客の避難誘導をしているのである。せっかくの上陸、唯一の休養の時であったが、不満を言う隊員は誰もいなかったという。

また、夜中に掃海ケーブルが切れたから作業をするという時も、重いケーブルを甲板に並べての作業を、深夜二時頃までしたが、文句はない。そういう時間しか修理作業ができないことを誰もが理解していたからだ。

艦内での飲酒が認められていたイギリスに招待され、懇親会が開かれたこともあった。驚いたことに、そこにはコンパニオンの女性がいるのである。聞けば、ブリティッシュ・エアウェイズのキャビンアテンダントなのだという。イギリス海軍の場合、女王陛下の船なので当然あることのようだ。

ちなみに、わが隊員の方は、ホテルで日本のキャビンアテンダントと遭遇し、声をかけたが、あえなく無視されたのだとか……。

そんなにがい思いもあったが、七夕の夜に開かれたバーレーン日本人会による歓迎会では、心からのもてなしに感動しきりだったという。

「軍艦旗を見たときに涙が出ました」

現地日本人の率直な言葉だった。バーレーンは、日本の企業や金融機関が多く進出していたが、湾岸戦争が始まって以来、中東の地には、各国が軍隊を次々に派遣したにもかかわらず、日本からの派遣はなかったことから、何もしない国、日本への信用は急激に崩れ、日本企業には商談も持ち込まれなくなるという厳しい現実の中にいたのだ。肩身の狭い思いをしてきたバーレーン駐在の人々にとって、掃海部隊は救世主のようだった。

そして、「国のためだ」と言われながら、出港する自分たちには「二度と帰ってくるな」と言われ、シーレーンを守るためという説明は国民にわかってもらえるのか、「本当に自分たちの行く意味はあるのか」という思いが常にあった隊員たちにとっても、実際にかけられた言葉は、何よりも有難いものであった。

この「湾岸の夜明け」作戦であげた成果は、機雷の処分だけではなく、こうした日本人同士の絆も深めたのであった。

ペルシャ湾で育んだ「絆」

そして、もう一つ特筆すべきことがある。それは家族との絆であった。命令が下ってから派遣に至るまでが極めて短期間、しかも怒涛のように過ぎたことから、落合は、隊員の家族のことがとても気がかりであった。

しかし、家族が不安なままでは隊員も安心して仕事に取りかかることはできない。そこで、落合は、五百十一名の家族全員に手紙を書いたという。独身者であれば両親に、妻帯者は奥さんに、ひたすら書いたのだ。そして隊員自身にも手紙を書くことを勧めた。実は、この派遣期間中、十二名の隊員の家庭に赤ちゃんが産まれ、七名の留守宅に不幸があった。しかし、そんな折、どの家族も申し合わせたように「心配するな、お前はベストを尽くして来い」と、逆に激励してきたのだという。落合は素晴らしい隊員とその家族を心から誇りに思った。

畑中も一週間ごとに妻と子供たちへ手紙を書いた。初めての家族との文通であった。その手紙は、十七年が過ぎた今でも大切にしているという。文字を交換することで初めて知ったお互いの思い、あの派遣がもたらした思いがけない効果だった。

そして、古庄広報室長の考案により、「タオサ・タイムズ」という隊員たちの動向を報じる新聞も発行された。それは、隊員たちとその家族にも配布され、手紙や電話ではストレートに言えない者にとっては、新聞を通じて気持ちを伝えられるかっこうの手段となった。家族への「一言メッセージ」には、普段、照れ屋の隊員も数々の優れた名文句を残している。いくつか紹介してみたい。

「お休みは太郎の寝顔、寂しいとお前の笑顔」(司令部・一尉・妻鳥元太郎)

「顔隠すレースの中にも妻の顔」(「はやせ」笹村曹長)

中には、ひどく現実的なものも……、

「夢見るは天丼かつ丼君の顔」(「ときわ」守屋二曹)

長い派遣期間の悲喜こもごもが「タオサ・タイムズ」には詰まっている。もとをただせば他人同士、掃海艇も、呉や佐世保、横須賀からそれぞれ来ていて、初めて顔を合わせる者も多い、しかし、いつの間にか、この派遣隊員だけでなく、留守家族までも含めて大きなファミリーのようになっていたのだ。そして、それが、前述の落合の「じゃがいもの皮剥き」につながるのだ。群司令であっても、当然のようにじゃがいもの皮を剥く。掃海艇の世界では、少ない人数ゆえ、全員が何でもできなければならないのだ。

「掃海艇は全てが『総員作業』なんです」

落合は言う。料理も掃除も何でも、である。それは艇長であれ、司令であれ当然するものなのだという。

旧海軍出身者はよく、「船乗りがいなくなった」と嘆く。私は最初、よく意味が飲み込めなかったが、これはつまりこういうことだとわかった。最近は、海自隊員で艦船勤務を希望した場合、護衛艦などは初めから大きな艦に乗ることになるが、その場合、物を移すとか、ボートを降ろす、あるいは何かを拾ったり、漁船を助けに行ったりという、運用作業がうまくできない。

落合曰く、昔は波を思い切りかぶったり、人が落ちたから助けに行くとか、めっぽう揺れる中でブイをうつ作業といった、いわゆる「船方作業」が当たり前だったが、今は掃海艇乗りだけが、そうしたことが経験できる唯一の職種ではないかと言う。

「潮気がつく」などという言葉も聞くが、やはり、海で苦労して、揉まれた人ほど、「これぞ船乗り」といった気質が培われるのだろう。

ありがとう、掃海部隊！

長い派遣期間であったが、いよいよゴールが見えてきた。九月九日には今までの苦労を終え、作業終了を祝うパーティが予定されていた。

しかし、この時、実は、四隻の掃海艇のうち、一隻だけが残り、イラン領海を含む海域で、日米共同の確認作業を実施して欲しいという米国からの要望があったのだ。

落合はさすがに言い出しにくかった。大いに盛り上がったパーティの最中も、ずっと頭の中を離れない。みんなの嬉しそうな顔を見ていると、どうしても言い出せなかったのだ。パーティは深夜に及び、それぞれが自分の艇に戻ろうとしていた時に、「ゆりしま」の梶岡義則艇長に声をかけた。

「『ゆりしま』だけ、残ってくれないか」

一瞬、間があった。常に全体で行動を共にしていた掃海部隊の一隻だけが残るということが、容易に飲み込めなかったのだろう。しかし、その後、梶岡は意外なほど快く頷いた。

「申しわけない気持ちと、有難いという思いで一杯でした」

落合は、今でもその瞬間が忘れられない。艇長のみならず、その命令を受け、文句の一つも言わず、歯をくいしばっている乗員の表情が目に焼き付いているという。この、一隻だけの居残りは、結局、イラン側が領海内に入ることを拒否したことにより実現しなかった。落合にとって、このときほどホッとした時はない。日本部隊は、全員揃って帰国することになったのだ。

この時、掃海艇はチャーターした大型船で日本まで運び、隊員は空路帰国してはどうかという案が、日本から出てきた。それほどに隊員は疲れきっていたのだ。しかし、隊員は全員、自分の船で帰ると言った。この時のことを森田は、こう振り返る。

「船は乗組員にとって、職場であり、生活の場であり、棺桶なのです。飛行機での帰国を望む者は誰ひとりいませんよ」

これからまた長旅が始まる。くたびれきった船と人、しかし、彼らはいつも一緒なのだ。掃海部隊は「総員作業」だ。小さな木造の掃海艇とそこに乗る掃海艇乗りたちも、また、常に一緒なのである。

九月二十三日、ペルシャ湾との別れの時が来た。ドバイのラシッド港に、在留日本人の多くの見送りの人々が集まった。出港のラッパの後、

「ただ今から、日本へ向かう！」

の命が下され、各艦艇がいっせいに別れの汽笛「長一声」を鳴らす。派遣当初、ゴールが定められていなかったこの任務。いつ帰れるのかわからないということが、最大のストレスだった。でも、これで日本に帰れる、最愛の人のもとに帰れるという思いがこみ上げてきた。

母艦「はやせ」を先頭に、掃海艇「ひこしま」「ゆりしま」「あわしま」「さくしま」そして補給艦「ときわ」と一列になって、ペルシャ湾派遣部隊は、一路日本を目指した。

15 最後の木造掃海艇

さて、再三にわたり、掃海艇は「木造」であるということを綴ってきたが、その歴史にもそろそろ終焉が近づきつつある。

思い返せば、わが国の「掃海艇」とは、その任務の大きさや貢献度にそぐわず、気の毒なほどに、その時々の「間に合せ」でしのいできたという感があった。象徴的なのは、戦後間もない頃は多くの徴用漁船を使ったことだ。漁船は、わが国において、実にさまざまな場面で大きな貢献をしてきているることを知る人は少ない。

昭和十七年四月のことであった。米空母機動部隊が日本本土に静かに接近、真珠湾攻撃で受けた屈辱を晴らすために、開戦後に戦果を重ね浮かれている日本人に一矢報いようと企てていたのだ。

できる限り日本に近づき、そこから本土を狙う。選ばれたのは陸軍のB25双発爆撃機であった。なんとB25が空母ホーネットから飛び立ち、本土を爆撃するという、破天荒な作戦であった。

米陸海軍は、このために猛訓練を行なうことになる。陸軍の兵士にとっては、なにしろ、空母に乗ることすら初めてで戸惑うことばかりであるが、だんだんと慣れ、訓練を重ねることによって、B25は空母からの離艦をマスターする。

しかし、着艦までは飛行甲板の距離の問題などもあり困難だ。そこで、出撃した爆撃機は、そのまま中国大陸に向かうことになった。まさに片道切符、米軍の意地をかけた攻撃であった。

これに対し、日本の防備は手薄であった。「まさかこんな所までは来まい」という安易な気持ちもあり、周辺海域の監視活動は、小さなカツオ・マグロ漁船を徴用し、これに当てていたのだ。各船、乗っていたのは、海軍から数名が、そしてその他元来の漁船員もいた。装備も「とりあえず」の機銃など超軽装備で、ほとんど丸腰同然であった。

これが日本人がほとんど知らない「黒潮部隊」である。

彼らは哨戒活動中、居場所を悟られないためにも、無線の発信を控えていたため、活動していた位置も把握されていないのだ。

そんな折、「第二十三日東丸」が、信じられない光景を目にすることになる。それは本土に迫り来る十六隻もの米空母機動部隊であった。

「敵空母機動部隊を発見！」

すぐさま打電。しかし、「第二十三日東丸」は敵艦から猛烈な攻撃を受けることになってしまった。「第二十三日東丸」は機銃でこれに果敢に応戦するが、瞬く間に木端微塵となり、十四名の乗員全員が壮絶な戦死を遂げたのだ。

このことにより、米軍の計画は大きく狂った。ドゥーリットル中佐率いるB25の編隊が護衛の空母「エンタープライズ」に見守られ、「ホーネット」から飛び立ったのは、当初の予定よりもかなり遠い地点となったのだ。

このことは、米国の記録にも「米軍では、Japanese guardboat No. 23 Nitto Maru に発見され巡洋艦が撃沈したが、予定より一七〇マイルも遠方から爆撃機群を発進させなければならなくなった」といった内容の記述があるという。

私は、この簡潔明瞭な数行を読むだけで、どうしても涙が出そうになってしまう。たった数行の記録だが、ここには乗組員十四名の壮絶な戦いが、流された血が、全て凝縮されているのだ。

人によっては、漁船員までが巻き添えになった「悲惨な出来事」と捉えるかもしれない。しかし、私には、この「第二十三日東丸」の姿は、先の大戦における日本そのものに見えてしまう。

二度と思い出したくもない暗黒時代だとは思いたくない。むしろ、彼らをはじめとする当時の日本人に対し、心から敬意を表したいのだ。そして、海洋国家としての国防のあり方を考えるうえで、大いに教訓にすべきではないだろうか。

結局、この初めての空襲は航続距離の問題から、多くが不時着するなど、日本側の被害は軽微なものですんだ。

この「黒潮部隊」は、日本国内では表向きにはされなかったが、最大で六千名が存在し、本土防衛に大いに貢献した。そして、戦死者は千数百名であったとも言われている。

彼らは、「敵艦見ゆ」を打ったら最後、あとは敵の攻撃を甘んじて受けるしかなかった。そして、米艦は漁船を発見すれば、打電させまじと、容赦ない攻撃を浴びせたので、沈没位置が不明のまま最期を迎えたり、あるいは米艦に体当たりしていった船も少なくなかったと聞く。

それでも「黒潮部隊」の多くは、自らの任務を果たそうとしたのだ。かつて、この国では、漁船も漁船員も軍の兵士も皆、一緒に戦っていたのである。

「黒潮部隊」の漁船は、その後、掃海艇になったものも多い。つまり、戦中戦後、日本本土の防衛は、畢竟《ひっきょう》、この「漁船」という木造の小船に頼るところ大だったと言っても過言ではないのだ。

日本が誇る、木造の掃海艇建造技術

戦後も、無理矢理に船を駆使し掃海業務を続けてきたが、海上自衛隊が発足してからは、とにかく機雷掃海のための掃海艇として恥ずかしくないものを建造すること、そして、それを継続し、技術の

最後の木造掃海艇「ひらしま」型三番艇18MSCの建造現場を見学する著者

継承をはかることに努力したのである。それが、日本の誇る、木造の掃海艇建造技術なのだ。

私はこの建造現場を見る機会を得た。そこは木の香りが立ち込めていて、「自衛艦を建造している」と言うよりも、「木造住宅を造っている」と言うのが相応しい趣があった。木材の一本一本を丁寧に扱う、その眼差しはまさに「職人」そのものである。

掃海艇造りは、着工の何年も前から始まっている。まず、木を選ぶことからだ。かつてはヒノキなどを使用していたというが、建設ラッシュのあおりで足りなくなり、その後はヒノキに似ているということから米マツを使うようになった。そのつど、米北西部まで行き、樹齢二百〜三百年の最適な木を見極めるのだ。それも、その木が、掃海艇のどの部分になるのか、その時点で目安をつけ

単板を接着した集成材でキール（竜骨）や艦首をつくる

艦尾からフレームを取り付けているところ

るのだという。そして、日本に輸入された木材は、すぐに加工が始まるわけではなく、しばらくの間、乾燥させなければならない。

また、掃海艇には、鉄の釘はご法度だ。全ての素材が非磁性のものでなくてはならず、そもそも、宮大工の技術と同様、木を巧みに組んで合わせるので、釘で打ちつけて止める箇所は少ない。木を張り合わせるのも、矢羽根張《やばねばり》といって、斜めに板を張って強度を高めている。ただ張り合わせているわけではないのである。

しかし、その職人技も、もう見ることができなくなる。木造掃海艇は造らなくなるのだ。平成十八年度計画の18MSCが最後の一隻となる。以後、20MSCからは世界の主流であるFRP（強化プラスティック）がとって代わることになるのだ。

18MSCを建造しているユニバーサル造船の現場は、積まれた木材に囲まれて、丁寧に、実に丁寧に、最後の「わが子」を海に送り出すその日に向け、手塩にかけて造っているという光景であった。作業にあたっているのは、若い人から七十歳を超えた人までさまざま、親子ほど歳の離れた男たちの「聖域」という感じである。私のような小娘（!?）が立ち入ることはまずないということであった。

ユニバーサル造船船舶建造部の田代正・現場班長は工業高校造船科を卒業し、昭和五十九年に、まだ統合前の日立造船に入社。もちろん、その頃は、木造船の現場に行くことになるとは、思いもよらなかったというが、思いがけずこの掃海艇建造部門に配属され、以来、二十年以上この現場を歩むことになった。

最も苦労したのは道具の使い方だったという。なにしろ使うのは刃物、自分ではきちんと取り扱い、管理しているつもりでも、先輩の職人さんの道具を借りてみると、まったく切れ味が違い、苦心したという。

田代の言う「職人」さんとは、七十歳をゆうに超えた年輩の人たちのことで、この職人さんは、下請けの協力会社、いわゆる町工場の人たちだ。掃海艇の現場には、数人のこうした「超ベテラン」がいるのだ。この存在がなければ、これだけ実績を積んできた田代のような現場班長でさえ、掃海艇建造は難しいと言う。それだけ欠かせない存在なのである。

当然、若い人も毎年入ってくるが、性格によっては向き不向きもあるため、出て行く人も多い。田代のように、厳しい先輩職人に、二十余年も鍛えられ揉まれている人材は稀なのだ。ともあれ、こうして次世代への継承がなされているのも、ひとえに海上自衛隊が、毎年、欠かすことなく掃海艇を造り続けていたからこそであった。

溶接で固まる鋼の船と違い、非磁性のボルトを一本一本さす場所、あるいは木を切るカッターラインといったところは、職人の勘に頼るところが大きく、それだけに、毎年、現場でその技に触れることで、そして自らの経験によってわかることが沢山あるのだ。通常の船の建造現場とは違った、木の

木造掃海艇の建造工程

（作画＝大迫義谷）

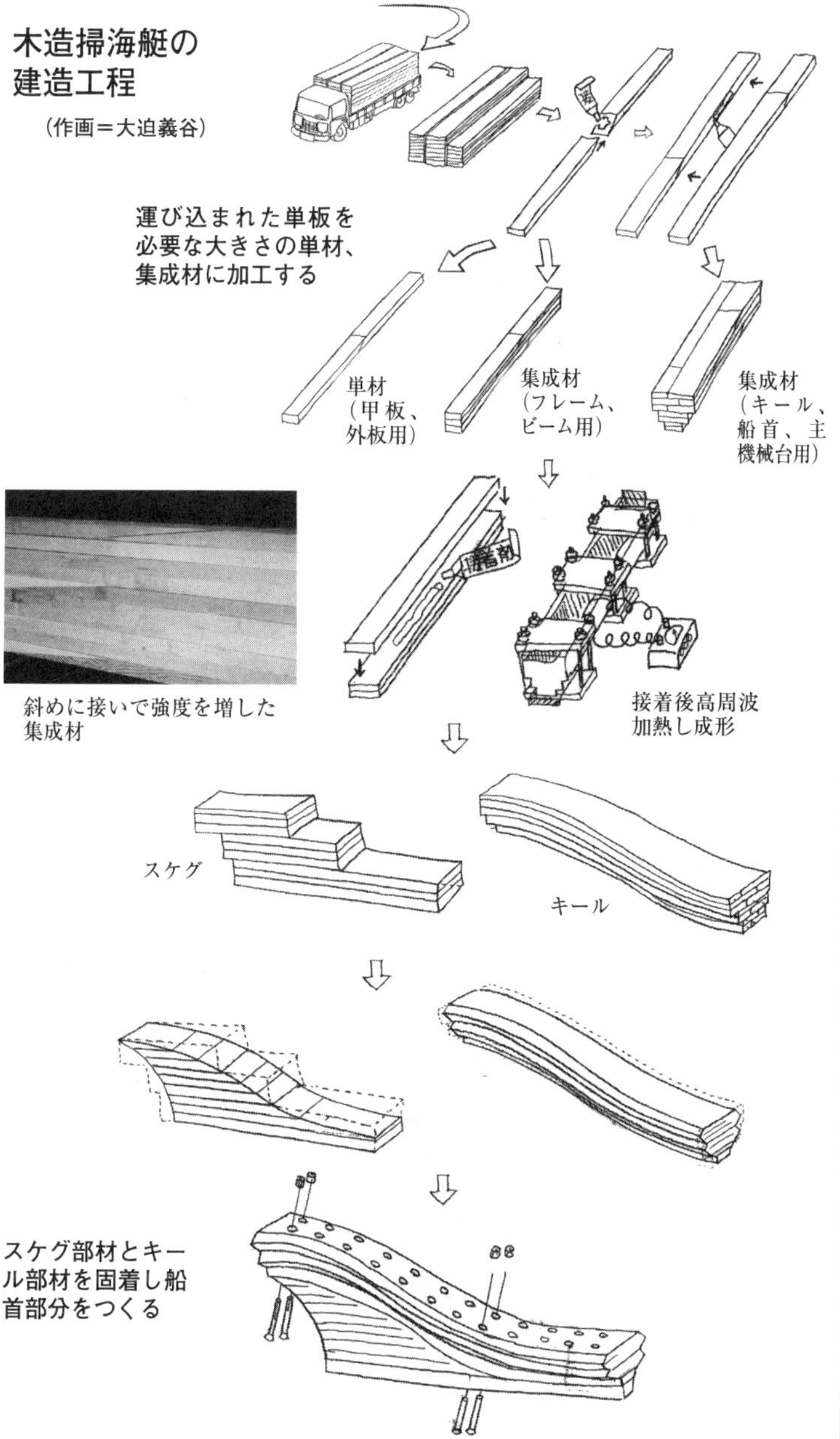

斜めに接いで強度を増した
集成材

船底の機雷探知機部
の加工

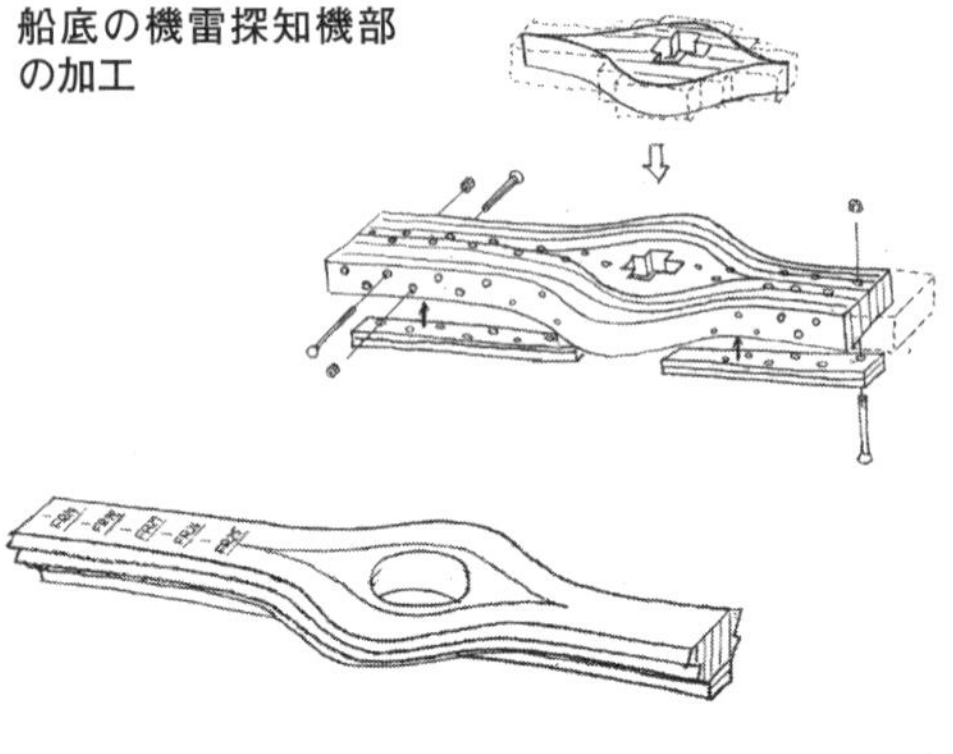

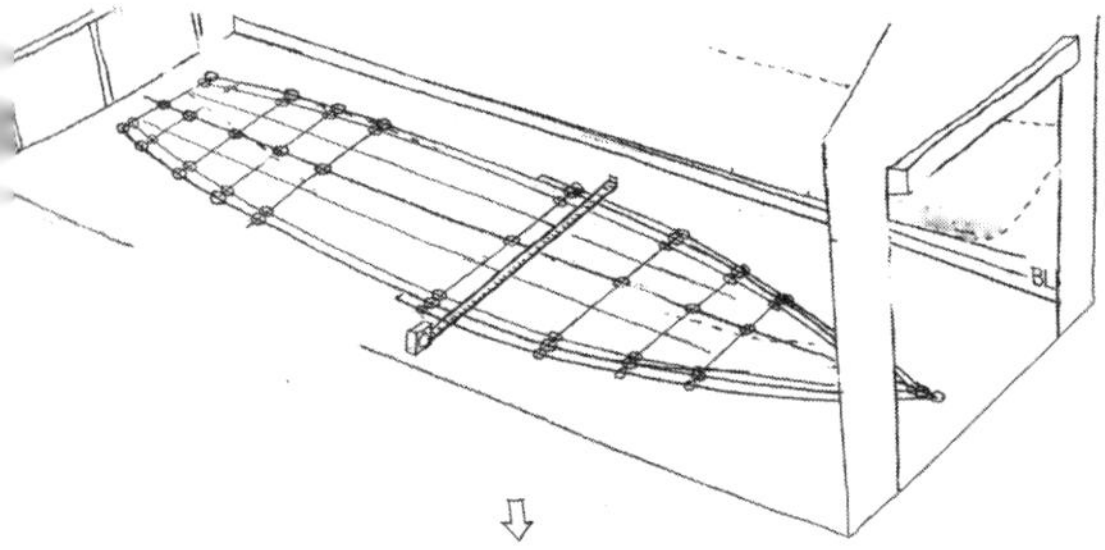

船台上で組立て開始

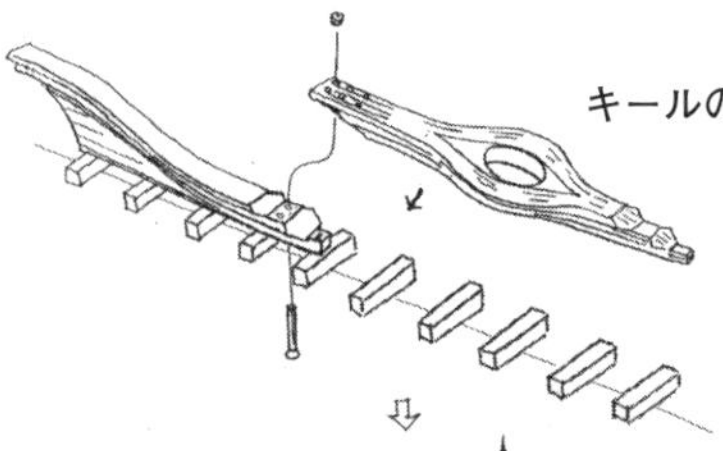

キールの据付け

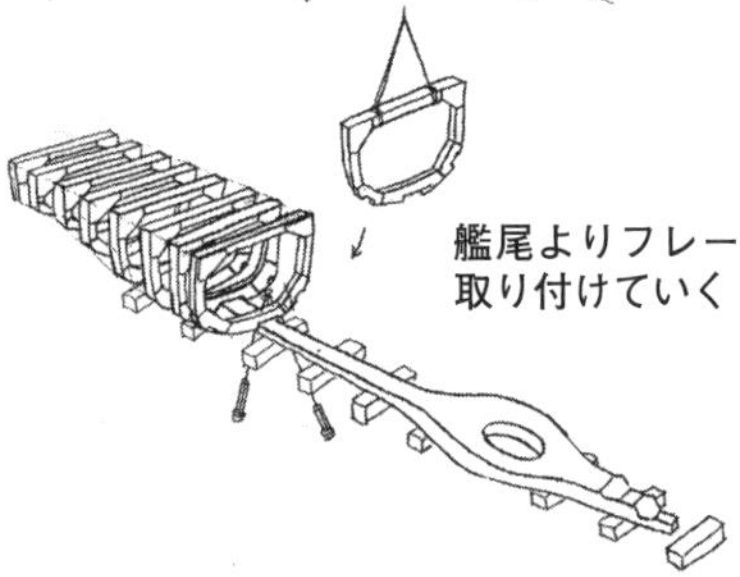

艦尾よりフレームを
取り付けていく

キール

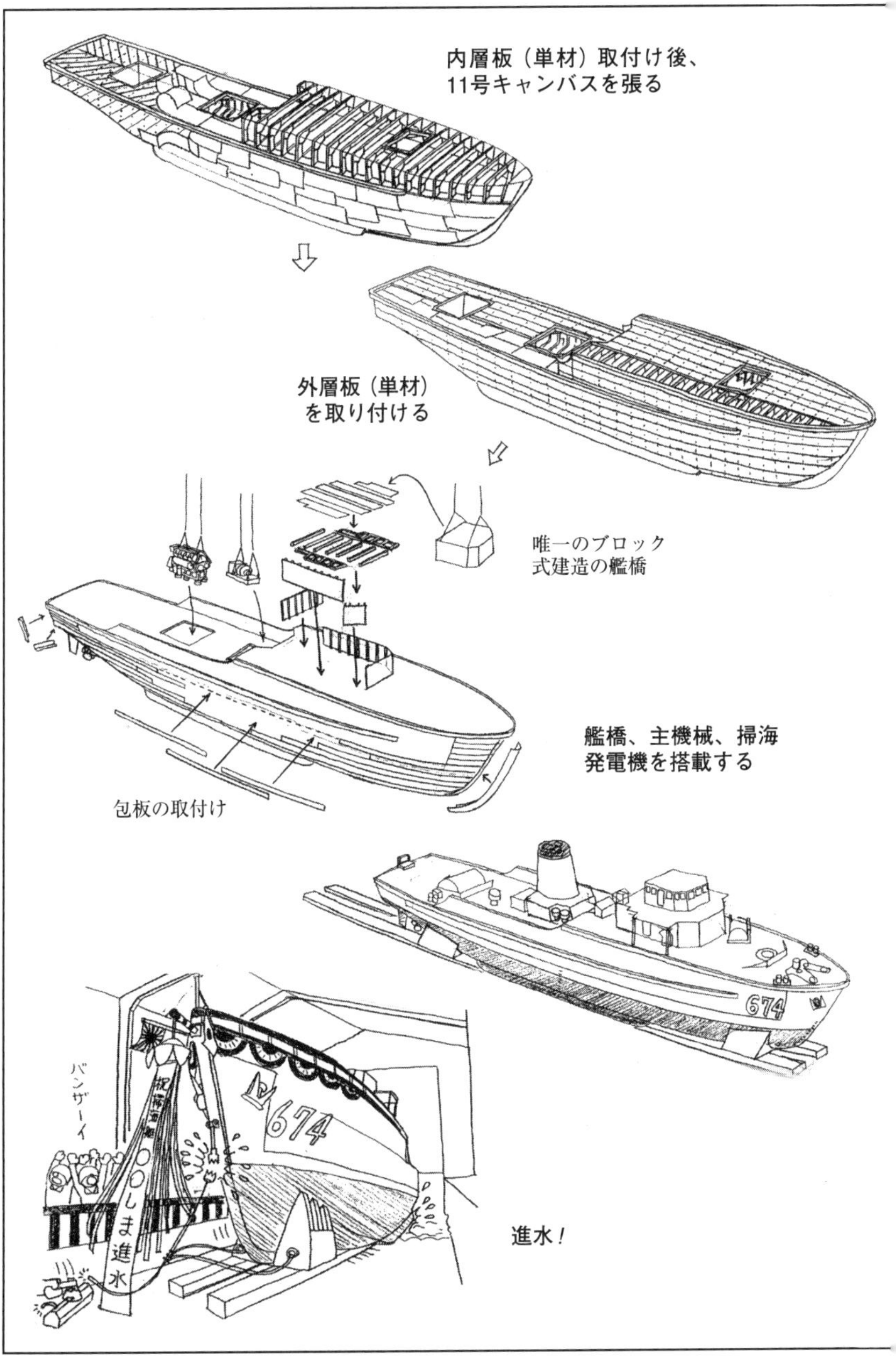
内層板（単材）取付け後、
11号キャンバスを張る
外層板（単材）
を取り付ける
唯一のブロック
式建造の艦橋
艦橋、主機械、掃海
発電機を搭載する
包板の取付け
674
バンザーイ
674
○○しま進水
進水！

船を取り囲んで、叱ったり叱られたりしながらの作業、チームワークが不可欠なのは、掃海艇乗りたちと同じである。

彼らが頭を悩ませているのは、最後の木造掃海艇建造が完了すると、そうした技術の継承が止まってしまうことだ。「もう造らないのだからいい」と思ったら大間違い、平成二十二年に「ひらしま」型三番艇18ＭＳＣが竣工し、これまでの掃海艇はこれからまだまだ海の上で活躍するのだ。運用している間は、メンテナンスも必要であり、ノウハウは残していかねばならない。

そこで、今後、いなくなる職人さんたちの技術をマニュアル化し、残そうという取組みを進めているのである。そのため、ユニバーサル造船では、すでに定年を過ぎた人を、特別に「マイスター」として会社に残し、作業を進めているのである。

これから先、掃海艇のアフター・フォローの中心的人物になるのは、掃海艇マイスターの大柿成夫である。自らの手によって造った掃海艇を「我が子」のように見つめ続け、故障や破損などがあった場合には「治療」にあたるといった具合だ。彼らは、掃海艇が引退するまで、立派に務めを果たすよう見届ける責任を担っている。まさに血が通った親子のような関係である。

そしてそうした密な関係は、建造現場の人間たちも同じだった。職人さんたちは北海道から長崎まで、さまざまな地域から来ており、方言が飛び交っている。作業がうまく運んでいる時は、賑やかで楽しいが、職人のプライドがぶつかり合い、モメ始めると大変だ。

2007年9月に進水した「ひらしま」型掃海艇二番艇の「やくしま」

マイスターとなった大柿にとっても、そういう親方たちのやることなすこと全てが、今もって「勉強」だと言う。喧嘩になるのは、彼ら職人が自信をもっているからだ、だから譲れないのだ。しかし、ほんの数ミリ間違えれば、途端にその船は台無しになる。自信と、それを裏付ける技術がなければ、とてもできないだろう。

掃海艇建造の現場では、喧嘩もするし、怪我もする。骨折や打撲は日常茶飯事である。おっかない親父さんと戸惑う若い者との悲喜こもごもさまざまな声が、木材の一本一本に染み込んでいるのである。

そういう所で培う技術とは、まさに「体で覚える」というような、多分に経験的なもの感覚的なものであり、これを果たしてマニュアル化できるのか、大柿は苦心している。

そしてこの作業は、単に設計図を残すということだけでない、木造掃海艇の歴史を残すことに他ならない。日本の木造掃海艇は、「世界遺産」であると、大柿は胸を張るのである。

さて、こうしてでき上がった掃海艇が、無事に進水をすますと、将来その艇の艇長になる「艤装員長」以下、数人の海上自衛官が竣工までの期間、艤装員として造船所に張り付くことになる。

わかりやすく言えば、マイホームを建てるにあたって、建築工程を毎日見ながら、要望を取り入れてもらうというイメージである。こうして、造船所の人たちと、新しい掃海艇乗組員の自衛官が長い期間共に作業を進め、いよいよ引渡しということになる。その時は感無量だという。

岸壁で我が子の旅立ちを見送る造船所の人たちが手を振る中、ピカピカの掃海艇が出港する。新しい掃海艇乗組員たちは、「自分たちの船」を自分たちで動かす喜びを噛み締めながら、お世話になった造船所を出て行くのである。

艤装中の掃海艇は、外見は他の護衛艦と変わらない色に塗られているため気づかないが、中に入ると真新しい木の良い香りがしてくる。ベッドもタンスもみんな木製、ああ、こんな部屋に住みたいと思わず溜息が出る。木造建築の良さは、木の息遣いを感じられることである、などと私が言うまでもないことだが、一見すると「軍艦」、しかし一歩入ると、木が生きていることをひしひしと感じることができ、不思議な空間なのだ。

私は艤装中の平成十六年度計画の「ひらしま」を見ることができた。「ひらしま」は五百七十トン型掃海艇で、前の「すがしま」型に比べて基準排水量が六十トン増え、機雷探知機、国産新型の機雷掃討具S10を装備している。

この一番艇を長兄として、平成十七年度の二番艇、そして最後の三番艇という三兄弟が「ひらしま」型として、就役から約二十年は日本のために働くことになる。

艤装中の掃海艇「ひらしま」にて。左から二人目が艤装員長（初代艇長）の須賀3佐

「ひらしま」の傍らには、艤装員長の須賀伸三佐（現二佐）がいた。彼ら艤装員たちが、新しい装備の使い勝手などを調整しながら、一隻の掃海艇ができ上がっていくのだ。その過程で、これは「おらが船だ」ということを日に日に実感するという。

「掃海艇は生きています。これから我々、乗組員がこの船に魂を入れていくんです」

須賀三佐は、「ひらしま」を愛おしそうに眺めながら言った。

この「ひらしま」は、平成二十

年三月十一日に就役。造船所からの引渡しとともに、自衛艦旗が授与され、一人前の掃海艇として造船所を旅立った。艤装員長の須賀三佐はそのまま「ひらしま」初代艇長となり、この日から毎日、乗組員たちによって、その船の歴史が刻まれ始めている。

そして、この出発は、最後の木造掃海艇の歴史を締めくくる最終章の始まりなのであった。

あとがきにかえて

掃海部隊の残したもの

平成三年十月三十一日、呉の港でペルシャ湾掃海部隊の解散式が行なわれた。

その半年前、出港した時の、あの激しい抗議活動の様子を考え、海上保安庁の巡視船が警戒する中での入港となった。

だがしかし、様子はやや違っていた。港の喧騒に耳を傾け、よく聞くと、

「皆さん、ご苦労様でした」

と叫んでいたのである。四月に日本を後にしてから、あらゆることが変わっていた。

ペルシャ湾での活躍の様子を、報道で知った世の中の多くの人が、「自衛隊の海外派遣、是が非か」という議論とは別の、懸命に汗を流す掃海部隊の姿に、理屈抜きで感謝の気持ちを抱いたのだ。

それだけではない、湾岸戦争で百三十億ドルという巨額な資金援助をしていた日本は、自分たちの

思うほどまったく感謝されず、それどころか湾岸諸国で売っていた、「湾岸の復興に貢献してくれた国に感謝する」という、それぞれの国の国旗が描かれたTシャツを見て、隊員はショックを受けた。目を凝らして探しても、「日の丸」はプリントされていなかったのだ。

ところが、彼らが掃海活動を始めると間もなく、その中に日本の国旗が堂々、加わっていた。

落合群司令は当時の各国指揮官や幕僚とのやり取りを、忘れることはできない。ペルシャ湾に入ったばかりの頃、誰かが、かつてイラン・イラク戦争の際、日本のタンカーを守るために米国やNATOの艦艇が護衛したことを非難すると、「なぜ、我々の国の若者たちが日本のために危険にさらされなければならないのか」という声が次々にあがり、落合が、

「日本も国民一人あたり一万円を払って、国際貢献したんだ」

と、反論すると、

「そんなことでペルシャ湾に来なくてもすむなら、今すぐ払ってやるよ」

と、言われてしまったのだ。

日本国民の代わりに、彼らはイヤと言うほど肩身の狭い思いをしなければならなかった。もう、何を言っても聞く耳をもってはくれまい。国際社会の日本に対する信頼の失墜は、想像以上に大きいことを心底感じた。

「やるしかない」

金でも言葉でもない、行動で示すより他なかった。そこに日本の将来がかかっていた。そして、彼ら掃海部隊はそれを見事に成し遂げたのだ。驚くべき不備不足の中で彼らは任務を遂行したのである。

これは、単なる昔話ではない。今、現在も私たちは、航路啓開からペルシャ湾といった、過去の掃海部隊の活躍の恩恵を受け続けているということを忘れてはならない。

ところで、私はこの本を通して、「機雷はキライ」などということを言わんとしたわけではない。思い出して欲しい。戦後、掃海部隊が必死に取り組んだ相手は、米軍によってばら撒かれた機雷と、そして「自国の防護のため」の機雷であったということを。現在、「専守防衛」を謳うわが国にとって、敵の侵攻から国民を守る装備は不可欠だ。

ところが、その当事者である国民の多くが、対人地雷もクラスター弾も、そんな物騒な物を日本は持つべきではないという風潮である。これは、つまり「人の命は地球より重い」と言っておきながら、有事には何の備えもせず、みすみす国民を見殺しにして良いと言っているようなもので、矛盾以外のなにものでもない。

「機雷廃絶」のキャンペーンは簡単にできる。しかし、機雷をなくすことは、まず不可能だろう。現に、機雷は今日もどこかの海に存在し、ますますその精度はハイテク化され、その脅威は高まるばかりなのである。最近では狙った特定の艦艇だけに反応するというものもあるといい、また、この安あがりな兵器は、いずれの国も重宝して使うだろう。製造元のわからない機雷が、海賊やテロリストの手に渡ったら？　もはや、敷設した国が責任を持つという国際法も意味をなさないのである。

このような現実に対し、日本がすべきことは、法整備も含めた海洋戦略の充実、掃海部隊のさらなる発展以外にないであろう。そして、そのためにも、これまで日本の掃海部隊が国に貢献してきた事実は、もっと多くの人々に知ってもらう必要があるはずだ。機雷はなくならないという現実と、日本には世界に誇れる掃海部隊がいるということ、また、海の守りが大切であるということ、それを一人でも多くの人に知ってもらいたいと、私は思う。

五月の海軍記念日近くの週末、香川県の琴平にある金刀比羅宮では毎年、「掃海殉職者追悼式」が執り行なわれている。

ここにある掃海殉職者顕彰碑は、昭和二十七年に建立された。掃海殉職者の存在は長く明らかにされていなかったが、この頃、やっと瀬戸内海をはじめとする各港に安全宣言が出されるようになったため、掃海関係者に感謝を表し、御霊を慰めたいと言う声が高まり、兵庫県知事をはじめ全国三十二港の市長が発起人となって実現したのだ。

碑文は、当時の首相、吉田茂が揮毫《きごう》。この七十九名の殉職者が、戦後の「国柱」であったことを意味すると言えるであろう。

そこには、あの朝鮮掃海で殉職した中谷坂太郎の名もある。この人数については、史料によっては七十七名と記されているが、これは、昭和二十年に国東半島で掃海作業中、台風に遭い乗組員七名が殉職した「真島丸」に、もう一名殉職者がいたことがのちに判明し追加されたことと、さらに海上自衛隊が発足してからの事故により、遺族の強い希望により祀られた殉職者もいるという。掃海に身を捧げた者にとっては、この場所に祀られることが相応しいという思いからであった。

平成二十年、追悼式当日、私は雨の琴平駅に下りた。噂に聞いた急な石段を半分ほど登ると、すでにたくさんの方々が集まっている。やはり年輩の方が多い。ご遺族の方々、実際に航路啓開や朝鮮掃海に赴いた方々、そして落合元海将補をはじめ、海上自衛隊で掃海に携わった多くのOBや現役自衛官の顔も見られる。途中までとはいえ、雨が降る中でこの階段を歩くのは、高齢の方にとっては容易なことではないであろう。

掃海殉職者顕彰碑

しかし、たとえ年輪を重ねても、そ

ここにいたのは、誰疑うことがない「掃海部隊」の面々であった。あの、漁船を改造した小さな木造船で、雨の中も嵐の中も厭わず、重いワイヤーを引っ張った、あの逞しい「掃海部隊」であった。小さな所帯で、なにより仲間を大事にする「掃海部隊」に他ならなかったのだ。

この人たちの偉業を後に遺したいと、私は強く思った。

海上自衛隊呉地方総監部により、式典は粛々と進む。何かと「政教分離」などと言われる昨今、こうした行事に関しては、ひときわ気を遣わなければならず、苦労も少なくないであろう。

儀仗隊による敬礼・弔銃発射、そして音楽隊が『海ゆかば』を奏で始めた時、何か凄まじい音が聞こえてきた。雨天のため屋内にいた私たちは、それが何なのかはわからなかった。が、後で聞くと、演奏が始まった時に雨脚が最高潮に達し、天幕を打つ雨音が「大君の辺にこそ死なめ」のところでクレッシェンドしながら入るスネアドラム（小太鼓）のロールの音と重なり、まるで天から降臨した英霊が演奏に参加しているかのようであったというのだ。

思えば、敗戦というどしゃぶりの雨の中、機雷の海に出て行った人たちであった。そして、戦後復興という晴天の下、日本人は機雷も、それを取り除いた人たちも、何にも知らないで生きてきた。いや、知ったとしても、そんなことより、日々の生活、お金、健康……、興味のあることが山のようにあったのだ。だから振り返らずに来た。

しかし、彼らは言うであろう、何が欲しいわけでもないと。

ただ、ちょっと後ろを振り返って言うだけでいい。

「ありがとう、掃海部隊！」

私は一人そう呟いて、すっかり晴れ渡った琴平を後にした。

参考資料

「朝鮮動乱特別掃海史」（海上幕僚監部防衛部）
「航路啓開史」（海上幕僚監部防衛部）
「海鳴りの日々」大久保武雄（海洋問題研究会）
「激浪二十年」大久保武雄（憲法研究会）
「日本の掃海～航路啓開五十年の歩み～」航路啓開史編纂会編
「よみがえる日本海軍」ジェイムス・E・アワー　妹尾作太男訳（時事通信社）
「海の友情～米国海軍と海上自衛隊～」阿川尚之（中公新書）
「あゝ復員船」珊瑚会編（騒人社）
「ドーリットル空襲秘録」柴田武彦　原勝洋（アリアドネ企画）
読売新聞社戦史班編「昭和戦後史『再軍備』の軌跡」（読売新聞社）
戦史研究年報　第6号「朝鮮戦争における対機雷戦（日本特別掃海隊の役割）」谷村文雄（防衛研究所）
戦史研究年報　第8号「朝鮮海域に出撃した日本特別掃海隊―その光と影―」鈴木英隆（防衛研究所）
東京新聞（昭和31年8月31日～）「東京のマッカーサー」
朝日新聞（平成3年6月3日～26日）「にゅうす・らうんじ」空白への挑戦
読売新聞（平成17年8月9日～11日）「時代の証言者」
産経新聞（平成3年3月31日）記事
「MAMOR」平成19年11月号（扶桑社）
「自衛隊はどのようにして生まれたか」永野節雄（学研）
「海上自衛隊はこうして生まれた」NHK報道局「自衛隊」取材班（NHK出版）
「海軍水雷史」（海軍水雷史刊行会）
「特務艦隊」C・W・ニコル　村上博基訳（文藝春秋）
「海上保安庁十年史」

「海上保安庁30年史」
「世界の艦船」平成10年4月号（海人社）
「自衛隊装備年鑑２００７―２００８」（朝雲新聞社）
「防衛ハンドブック２００７」（朝雲新聞社）
「ペルシャ湾の軍艦旗～海上自衛隊掃海部隊の記録～」碇義朗（光人社）
「昭和軍艦概史Ⅲ　終戦と帝国艦艇―わが海軍の終焉と艦艇の帰趨―」福井静夫（出版協同社）
「針路を海にとれ～海洋日本国家日本のかたち～」大山高明（産經新聞出版）
「沖縄県民斯ク戦ヘリ～大田實海軍中将一家の昭和史～」田村洋三（講談社）
「国防の真実　こんなに強い自衛隊」井上和彦（双葉社）
「靖国神社への呪縛を解く」大原康男（小学館文庫）
「靖国神社と日本人」小堀桂一郎（ＰＨＰ新書）
「海流―最後の移民船『ぶらじる丸』の航跡　川島裕（海文堂）
「機雷」光岡明（講談社文庫）
「元山特別掃海隊の回顧」田尻正司（私家版）
「朝鮮戦争に出動した日本特別掃海隊」能勢省吾（私家版）
「海上自衛隊と私」大賀良平（「世界の艦船」平成１０年４月号
「機雷掃海一筋の34年間」石川隆則（私家版）
「動乱の満洲から帰国・掃海艇と運命を共に」中谷藤市（私家版）
海上自衛隊掃海隊群ホームページ
その他、海上自衛隊、防衛研究所はじめ多くの方から、数多くの手記・覚書・メモ等をご提供頂きました。

取材にご協力頂いた皆さま
海上幕僚監部広報室
海上自衛隊呉地方総監部

海上自衛隊第一術科学校
海上自衛隊掃海隊群
海上自衛隊幹部学校
防衛研究所戦史室
てつのくじら館
海上保安庁広報室
防衛省装備施設本部

ジャパン マリンユナイテッド（株）
航啓会
財団法人史料調査会
靖国神社
日本文化チャンネル桜
金刀比羅宮
船の科学館
ＮＨＫ報道局　小貫武
元防衛大学校教授　平間洋一
元南極観測船「宗谷」操舵長　三田安則
元防衛研究所第６研究室長・（財）史料調査会会長　田尻正司
元第１０１掃海隊司令・航啓会会長　細谷吉勝
元呉造修補給所長　藤井定
元第40掃海隊司令　今井鉄太郎
元呉警備隊呉会計隊経理班　高木義人（故人）
元横須賀地方総監　穂積Ｘ彦

元海上自衛隊幹部学校第2研究室長　大西道永
元第1海上訓練指導隊指導部砲術科掃海班長兼運用班長　石川隆則
朝鮮特別掃海隊掃海艇艇長・元第2航空群八戸航空基地隊副長　滋賀廣治
中谷坂太郎兄　中谷藤市
元第二掃海隊群司令　落合晙
元海上幕僚長　古庄幸一
元掃海隊群司令　森田良行
元掃海隊群司令　河村雅美
元第二掃海隊群司令　片桐宏平
斎藤嘉範
加藤寛二
戦略地政学者・米海軍アドバイザー　北村淳
靖国神社権宮司　三井勝生
ジャーナリスト　井上和彦
防衛政策アナリスト　佐藤政博

作図：海上自衛隊　呉造修補給所副所長　大迫義谷1佐
作画：海上自衛隊　河上康博1佐
地図：神北恵太

他にも多くの方にご助言ご協力賜りました。心より感謝申し上げます。

桜林美佐（さくらばやし・みさ）
昭和45年、東京生まれ。日本大学芸術学部卒。フリーアナウンサー、ディレクターとしてテレビ番組を制作した後、ジャーナリストに。国防問題などを中心に取材・執筆。著書に『奇跡の船「宗谷」－昭和を走り続けた海の守り神』『海をひらく－知られざる掃海部隊』『誰も語らなかった防衛産業［増補版］』『武器輸出だけでは防衛産業は守れない』『自衛隊と防衛産業』（いずれも並木書房）、『終わらないラブレター－祖父母たちが語る「もうひとつの戦争体験」』（PHP研究所）、『日本に自衛隊がいてよかった』（産経新聞出版）、『ありがとう、金剛丸－星になった小さな自衛隊員』（ワニブックス）。月刊「テーミス」に『自衛隊と共に』を連載。「夕刊フジ」に『ニッポンの防衛産業』を毎週月曜日連載。

海をひらく［増補版］
—知られざる掃海部隊—

2015年７月25日　第2版印刷
2015年８月５日　第2版発行

2008年９月25日　第1版発行

著　者　桜林美佐
発行者　奈須田若仁
発行所　並木書房
〒104-0061東京都中央区銀座1-4-6
電話(03)3561-7062　fax(03)3561-7097
www.namiki-shobo.co.jp
印刷製本　モリモト印刷

ISBN978-4-89063-330-2